JN130175

続 薬草 つれづれ草

岡 鐵雄

Oka Tetsuo

監修

高木 操・中村孝二
中村阿丈・山下敏夫

『続・薬草つれづれ草』 刊行にあたって

岡　鐵雄

私は岡山県玉野市民病院で薬剤師として勤務していた昭和61年（1986）頃から、当時の伊達淳蔵玉野市薬剤師会会長（故人）の発案で岡山県玉野市の深山公園の一角に薬草園を作るという案件に賛同し、熱心な会長とともに計画、収集、植栽、管理に努めました。

その成果は、62年10月に「玉野市深山公園薬草園」として開園しました。

一般向けの公開講座を年2回開催し、私自身も講師としてお話をしたり、薬草園の管理等の労力奉仕をお願いしたボランティアの方に、私の薬草についての拙い文章を配ったりさせていただいたりもしました。その後、さいたま市へ転居し、ご縁があって、さいたま市薬剤師会の会報に表紙の薬草写真の提供と拙文を連載する機会を得ました。このような文章が溜まり、書くことの面白さも知りました。

本書に先立ち平成27年（2015）に『薬草つれづれ草』（さきたま出版会刊）を出版いたしました（本書では、この著書を「前著」と統一表記）。

岡山県玉野市にある深山公園の薬草園には多くの薬草を植えましたが、前著で全部は紹介できませんでした。また、その後ヒガンバナ科植物由来の老人性痴呆症へのガランタミン製剤の発売があったこと、友人から「リンドウ」の記載がないなどの指摘がありました。これらのことが刺激になり、追加の文を書き、続編として纏めてみました。

前著で129種、本書続編で117種をとりあげましたが、各項目で関連植物を書きましたので、400種位にはなっているかと思います。玉野の植栽品を全て紹介できたわけではありませんが、おおまかには包括できました。玉野の薬草園に植えたものばかりでなく、関東へ来てから友人との山行きや、東京生薬会などで行った山や野、植物園、薬草園などで見た植物も入れさせていただきました。

この2冊に記載した薬用植物は私が手がけた、もしくは私が興味を持ったものが中心で、重要な薬用植物を網羅したものではありません。植物との付き合いは、素人の横好きにすぎず、薬学者でも、植物学者でもありません。けっして参考書でも図鑑でもありません。

もとより私はただの薬剤師で、備忘録として纏めたものです。

前著については、恩師の斉木保久先生の懇切丁寧な監修をいただくことができましたが、残念なことに前著刊行間もなく、急逝されてしまいました。

種々のエピソード、薬学的・植物学的なご指摘をいただいての刊行であっただけに先生なしでの続刊は無理と思いましたが、やり残した感が強く、蛮勇を奮って取り組みました。

斉木先生に代わっての監修を、 静岡薬科大学(当時)昭和36年卒の同級生、高木操女史、中村孝二氏、中村阿丈女史、山下敏夫氏にお願いし、お引き受けいただき、本書刊行にこぎつけました。特に植物の分類学的な記載については、先生なしでは不安が大きく、誤りも多くなるのではないかと危惧しておりましたが、各位に大変多岐に渉ってお世話になりました。ご苦労に厚く感謝いたします。

5名で故斉木保久先生のご霊前にこの本を捧げ、ご冥福をお祈りいたます。

続・薬草つれづれ草　目次

『続・薬草つれづれ草』発刊にあたって …………………………………… 岡　鐵雄…3

植物の名前について…6　薬と薬用植物について…7　薬用植物のいろいろ…9

【掲載薬草】

ア行

アーティーチョーク（キク科）…10
アオキ（ミズキ科）…11
アオツヅラフジ（ツヅラフジ科）…12
アカネ（アカネ科）…13
アカメガシワ（トウダイグサ科）…14
アキカラマツ（キンポウゲ科）…15
アシタバ（セリ科）…16
アマ（アマ科）…17
アマチャヅル（ウリ科）…18
アンズ（バラ科）…19
アンミビスナガ（セリ科）…20
イチヤクソウ（イチヤクソウ科）…21
イランイラン（バンレイシ科）…22
ウマノスズクサ（ウマノスズクサ科）…24
ウラシマソウ（サトイモ科）…25
ウルシ（ウルシ科）…26
エゴノキ（エゴノキ科）…27
エニシダ（マメ科）…28
オオバコ（オオバコ科）…29
オニノヤガラ（ラン科）…30
オニユリ（ユリ科）…31
オモト（ユリ科）…32
オリーブ（モクセイ科）…33

カ行

カザグルマ（キンポウゲ科）…34
ガジュツ（ショウガ科）…35
カミツレ（キク科）…36
カラスビシャク（サトイモ科）…37
キクイモ（キク科）…38
キハダ（ミカン科）…39
キバナバラモンジン（キク科）…40
キョウチクトウ（キョウチクトウ科）…41
キランソウ（シソ科）…42
ギンバイカ（フトモモ科）…43
キンミズヒキ（バラ科）…44
ギンリョウソウ（イチヤクソウ科）…45
クサギ（クマツヅラ科）…46
クサノオウ（ケシ科）…47
クスノキ（クスノキ科）…48
クマツヅラ（クマツヅラ科）…49
クララ（マメ科）…50
クロタネソウ（キンポウゲ科）…51
クロモジ（クスノキ科）…52
ゲッケイジュ（クスノキ科）…53
ゴシュユ（ミカン科）…54
コショウ（コショウ科）…55
コブシ（モクレン科）…56

サ行

サジオモダカ（オモダカ科）…57
ザゼンソウ（サトイモ科）…58
サルトリイバラ（サルトリイバラ科）…59
サワギキョウ（キキョウ科）…60
シオン（キク科）…61
シキミ（シキミ科）…62
シソ（シソ科）…63
シナアブラギリ（トウダイグサ科）…64
シャクナゲ（ツツジ科）…65
ジャノヒゲ（ユリ科）…66
シュウカイドウ（シュウカイドウ科）…67
シロバナムシヨケギク（キク科）…68
ジロボウエンゴサク（ケシ科）…69
スイセン（ヒガンバナ科）…70
ススキ（イネ科）…71
スノードロップ（ヒガンバナ科）…72
センダイハギ（マメ科）…73
センニンソウ（キンポウゲ科）…74
ソテツ（ソテツ科）…75

タ行

タケニグサ（ケシ科）…76

タバコ (ナス科) …77
チガヤ (イネ科) …78
チョウジソウ (キョウチクトウ科) …79
チョウセンニンジン (ウコギ科) …80
ツチアケビ (ラン科) …81
テイカカズラ (キョウチクトウ科) …82
テンチャ (バラ科) …83
トクサ (トクサ科) …84
トチノキ (トチノキ科) …85
トチュウ (トチュウ科) …86

ナ行

ナンキンマメ (マメ科) …87
ニガキ (ニガキ科) …88
ニシキギ (ニシキギ科) …89
ニチニチソウ (キョウチクトウ科) …90
ニンジンボク (クマツヅラ科) …91
ヌルデ (ウルシ科) …92
ネコノヒゲ (シソ科) …93
ネズミモチ (モクセイ科) …94
ネナシカズラ (ヒルガオ科) …95

ハ行

バイケイソウ (ユリ科) …96
バクチノキ (バラ科) …97
バシクルモン (キョウチクトウ科) …98
ハゼノキ (ウルシ科) …99
ハトムギ (イネ科) …100
ハナイカダ (ミズキ科) …101
バニラ (ラン科) …102
ハマゴウ (クマツヅラ科) …103
ハラン (ユリ科) …104
ヒトツバ (ウラボシ科) …105
ビナンカズラ (マツブサ科) …106
ヒマワリ (キク科) …107
ヒメハギ (ヒメハギ科) …108
ヒヨドリジョウゴ (ナス科) …109
フジウツギ (フジウツギ科) …110
フタバアオイ (ウマノスズクサ科) …111
ホオズキ (ナス科) …112
ホオノキ (モクレン科) …113
ホップ (アサ科) …114

マ行

マムシグサ (サトイモ科) …116
マンネンタケ (マンネンタケ科) …117
ミソハギ (ミソハギ科) …118
ミブヨモギ (キク科) …119
ミョウガ (ショウガ科) …120
ムクロジ (ムクロジ科) …121
メギ (メギ科) …122

ヤ行

ヤツデ (ウコギ科) …123
ヤナギ類 (ヤナギ科) …124
ヤマモモ (ヤマモモ科) …125
ユキノシタ (ユキノシタ科) …126

ラ行

リンドウ (リンドウ科) …127
レンゲツツジ (ツツジ科) …128

ワ行

ワラビ (コバノイシカグマ科) …129

コラム

陀羅尼助と百草丸／23
萬金丹／23
腐生植物／44
ガマの油／58
外来生物の上陸／71
オオカバマダラ／78
アカボシゴマダラ／88
花粉症の原因植物／115
風媒、水媒花粉について／115
養命酒／122

『薬草つれづれ草』『続・薬草つれづれ草』掲載薬草／科別リスト…130

あとがき …… 132

参考図書…133

● 植物の名前について

普通の植物を語る時も、薬草について語る時もその植物の名前をいわなければ、話が始まりません。植物には全て名前があり、新発見で名前の無いものが見つかればすぐに、名前が付けられる仕組みができています。

植物の名前には2種類の名前があり、一つはリンネが発明したといわれる、万国共通の「学名」で、もう一つは「普通名」です。

学名には「国際植物命名規約」というものがあり、一つの種について一つの学名しか付けられないようにする規約ができています。多地方の、多民族の、多くの言語で名前が付けられていては世界中で共通の話ができません。

もう一つの普通名は各国が、各国の言語で付けた名前で、学名のような厳格な規定はありません。

しかし、たとえ同一言語圏内でも、各地で勝手に違う名前を付けていては共通の話ができなくて不自由です。

そこで、日本人なら日本語として、日本中に共通して分かり合える名前を付けようとして作られているのが「標準和名」です。そして各地で別々によばれる名前が「俗名」です。

薬用植物は中国から知識を導入したものが多くあります。日本、中国とも漢字文化の国で、学問の伝来は楽でもありましたが、誤解も多かったと思います。

桂という字で表す植物は、本来は Cinnamomum cassia のことですが、日本ではカツラ科のカツラ Cercidiphyllum japonicum であるのに、現代の中国ではモクセイ科のキンモクセイ Osmanthus asiaticus を指し、漢字では話が全く通じないことになります。

またフキについても、中国の古書に款冬とあるのをフキとして理解して学問を吸収していましたが、款冬はフキタンポポのことでフキとは違っていました。椿も「ちん」といい日本のものとは違う植物を指しています。

こうした例は沢山あり、これを避ける目的もあって標準和名は漢字で表記しないことになっています。植物園や山草の展覧会で良く「何故植物名を漢字で表記しないのか」というクレームを耳にしますが、標準和名の規約でそう決めているのです。

俗名には俗名の良いところもあり、伝説や、その地方の生活を表明してくれる馴染みやすい名前も沢山ありますが、各地でバラバラに使っていては共通の話になりません。

ちなみに日本で地方によっての俗名が最も多いのはヒガンバナで1000もあるそうです。２番目に多いのはイタドリで500位あるそうです。

この本の掲載にはできるだけ学名を付けました。

一般的に言って読むのに面倒であり、余分と思われるかもしれませんが、学名は規定で二つの部分からできていて、初めの部分が属を示していてアカマツ Pinus densiflora、クロマツ Pinus thunbergii, ゴヨウマツ Pinus pentaphylla とくれば Pinus が初めの部分でマツの属で同じ仲間だなということが分かり便利です。これを属名といいます。

そして属名の次に書かれているのが種小名で、この二つを組み合わせて植物の固有名詞ができ上がります。この属名には主としてラテン語、もしくはラテン語化した各国の言語、もしくはギリシャ語をラテン語化した言語を通常使っています。学名で三番目に命名者を表記する場合もありますが、今回は省略しました。

学名はラテン語を主体にしているのでラテン語の発音で読むべきですが、ラテン語は日常語としては使われていない「死語」ですので読み方は原則自由です。大切なことは正しく書くことです。

以前、私はスギ花粉症に始まる花粉症の勉強を少しかじっていたことがあります。そのとき空中花粉の観察で一年を通して実にいろいろな花粉が空中を飛んでいることを知り、花粉の形から植物名が分かるようにならないかと思い、実際の植物から花粉の標本を集めてみました。3500種位しか集められず、また不勉強もあって、実際に空中花粉の形態で植物名をいいあてられるようにはなれませんでした。

しかし、標本集めの過程で学名を知って分類していかないと不便であることを痛感しました。集めた標本を学名でくくると全体像が非常に良く分かってきます。

こうした意味で、これは何の仲間かなという、くくりを知るのに学名は非常に便利です。

薬と薬用植物について

人には長く生きたい、健やかに生きたい、苦しみから逃れたい、快適に生きたいという願望が常にあります。

そうした願い、考えが、薬用植物を発見し、利用法を考え、今に伝えられてきました。

野山を駆け巡り、自ら、あらゆる草木を嘗めて、薬の発見に努め、多くの人の命を救った中国の神農様は、2000年の時を経てなお薬の神様として崇められています。幾度も毒にあたっては、薬草で甦ったといわれています。

また鋤を開発して民に農耕を教え、また市を開いて交易を行わせました。農業、医薬、商業の始祖、神様として厚く信仰されています。

神農の業績を後漢の時代に編纂したのが『神農本草経』です。一時散逸していましたが、西暦500年頃に陶弘景が纏めたものが残り、それが近世になって復元、注解されたのです。

365種の動、植、鉱物を上、中、下の3ランクに分け使い方を説いています。

上薬は不老長寿のため、長く飲んで安全な薬、中薬は健康保持のために使い、病気の予防、養生の目的で副作用に注意しながら使う薬、下薬は治療薬で病気を治すための薬で毒にもなるので長期には使わないとあります。

こうした医薬の聖典は中国のみならず、インドでの『アーユルヴェーダ』、エジプトでの『パピルス書』、古代ローマのガレノスの著書などがあり、あるいはインドネシアでの口伝で伝えられる伝統的治療薬ジャムウ、また日本でも民間薬として伝承されてきました。

中には迷信ともいえる危険なもの、無効なものもあるでしょう。しかしそういった試練を先人たちが乗り越えて今の医薬の姿ができあがってきたものだと思います。

今、世界では自然が物凄い速さで、開発の名のもとに破壊され、消滅しつつあり、絶滅危惧種が羅列されています。このままでは伝承の医薬、薬用植物、あるいは未知の資源を含んでいるかもしれない植物が人に解明されないままに地球から消えていきそうです。

未知の資源植物など今の世にあるのかと思う方もいるかもしれませんが、京都大学の伊谷原一教授の話によれば、タンザニアのゴンベ国立公園、マハレ国立公園での野生のチンパンジーが、体調の悪い時にキク科のAspilia属の植物を採食する行動が観察されています。Aspilia mossambicensis、A. pluriseta、A. rudisの3種の葉を噛まずに飲み込む行動をするそうです。

この研究は伊谷原一教授の父君、伊谷純一郎氏の代からの父子継代の研究で、この植物の同定に我が恩師、前著の監修者、斉木保久先生が関わられたと伊谷原一教授から聞いています。

伊谷氏らはAspiliaの採食は食事をするのとは明らかに違う行動で、何かの薬理的効果を目的にしているに違いないと観察されています。研究の結果A. mossambicensisにアルプリンAなる殺線虫、抗菌作用をもつ物質を発見、健康そうなチンパンジーもこれを採食することから、寄生虫駆除、予防的な使用ではないかと推測されています。葉からはカウレン酸、グランジフロレン酸を検出。これは子宮収縮作用や黄体ホルモン産生刺激作用があり、大人のメスは大人のオスの3倍のAspiliaを摂取するそうです。これは大人のメスが自らの繁殖能力を調整するのにAspiliaを利用しているのではないか、大人のオスや未成熟個体もAspilia摂取は抗菌作用を利用する行動かもしれないなどと推察されています。

このほかにもマハレでの観察で病的な症状を示していたチンパンジーがキク科のVernonia amygdalinaの若枝の髄を噛んで樹液を飲み、翌日は平常に戻っていたのが確認されています。このVernoniaを摂取したチンパンジーの1時間後と20時間後の糞を採取し、検便したところ、1時間後の便に130個あった寄生虫の卵が20時間後では15個に減っていたそうです。ゴンベでも同属のVernonia colorataの摂食行動が観察されました。

Vernoniaの研究でも抗住血吸虫作用やマラリア原虫に殺傷活性のある物質が見つかっています。

これらアフリカの大型類人猿が丸呑み摂取することを確認された19種の植物の一部は、現地の人に民間薬的に利用されているものと一致するといいます。

このように、自然界には文明人がまだ知らない、利用していない資源が沢山あり、それが気づかれないままに消滅しそうな自然破壊が進んでいるのは勿体ないことです。

自然観察をして、未開地の原住民の医療、各地の伝承の医療、いやチンパンジーの挙動にすら新薬のヒントがあります。自然界は未利用資源の宝庫です。

そこに宝庫があるのに無関心で放置し、消滅していくのを黙って見ているだけでは勿体ない話です。かつて神農様に薬を教えていただいたように、チンパンジー様にも薬を教えていただいても良いのではないでしょうか。

自然に学ぶこと、自然を研究することには、まだまだ沢山の材料、資源があります。

薬用植物のいろいろ

一口に薬用植物といっても、有効なものから効果が認められないもの、さらには有害なものまであり、日常生活の上で何気なく使っている薬味、ハーブ、スパイスまで薬理作用を持った植物は数多くあります。

また古い時代には利用されていても科学の進歩により、より良い薬ができたので顧みられなくなったもの、あるいは一時ブームとなってもてはやされたが、薬効が無いことが分かってきて廃れたものなどがあります。

現在民間薬として重視され、あるいは一般用医薬品、医療用医薬品に配合されたりしている生薬は、長い人類の歴史の中で用いられて、数多くの体験という篩にかけられて効能が実証されてきたものがほとんどです。

民間薬とはドクダミ、ゲンノショウコ、センブリの類で和薬ともいわれます。

漢方薬とは中国の漢方医学、あるいはそこから発展した日本の漢方医学で使用される、多種類の物質を一定の割合に混合した伝統的な配合薬です。ときに鉱物、動物が使われることもあります。

現代医療はここ 100 年、それも近代的に発達してからのことです。

特に日本で国民健康保険ができて、誰でもが平等に医療が受けられるようになったのは第 2 次大戦が終了して 15 年が経ってからです。

現在ではかなりの病気が治療可能になってきました。この時代に自己判断で草木に頼る治療法を選択して、自分や家族の病気を治そうというのは危険です。

効率の良い、確率の高い治療法を選択しましょう。

新薬の原料や、開発の起源となった植物の多くは、そのまま使えば作用、副作用の強いものが多いので、良い薬の起源植物ということで、そのまま使うと危険なことが多くあります。

われわれが植物を利用して健康に役立てたい、調子が悪いのを治したいという時には、実績のある、安全な民間薬を選択するのが良いでしょう。

〔6 頁～ 9 頁までは、前著『薬草つれづれ草』より転載いたしました。〕

アーティーチョーク（チョウセンアザミ）

Cynara scolymus

ヨーロッパの地中海沿岸、およびアフリカ北部の原産でヨーロッパでは食用に栽培されています。日本には江戸時代以降に渡来し、食用、鑑賞用に栽培されている多年草です。

チョウセンアザミの別名があり、総苞片を茹でて食べたり、酒に漬けてアーティーチョーク酒として用います。

夏に茎の頂に管状花のみの藍紫色の大きなアザミのような頭花をつけます。頭花の直径は7～8cmで大きいものでは10cmを超えることもあります。

薬用部分は葉、花托と総苞片で、開花前に採取し、日干ししたり、または生で使用します。シナリン、クロロゲン酸、カフェ酸、タンパク質、糖類、カロチン、ビタミンCなどを含みます。

利尿、強壮、胆汁分泌促進、高コレステロール血症、動脈硬化、黄疸、消化不良、食欲増進などに用いられます。

チョウセンアザミ属には地中海地方に10種あり、うち7種はヨーロッパにも分布します。

アザミのような頭花

食用となる部分

地中海沿岸とカナリア諸島に分布がみられるカルドンC. cardunculusは、日光を遮った軟白栽培をして、葉柄を野菜として利用しています。アーティーチョークは、このカルドンからの改良品だとされています。

肥厚した総苞片の基部を茹でたり、蒸したりしてサラダなどにして食べます。生では苦くて食べられません。

近縁の種のマリアアザミSilybum marianumは鑑賞用にも栽培されますが、薬用として全草、葉、種子を利胆（胆汁の分泌または排泄を促進すること）、強壮、降圧、利尿、食欲増進、消化促進、乗り物酔いの予防、催乳剤（母乳の分泌を促進させる薬剤）などとして利用されました。

アオキ

Aucuba japonica

アオキは日本固有の種で関東以西の本州、四国の暖地の林中に自生します。雌雄異株で高さ3mほどにもなる常緑低木で実の美しさ、葉の光沢、斑入りなどの変異などで観葉植物として世界各地に広められ、庭園などに植えられています。

3～5月に緑を帯びた紫褐色の花を枝先の円錐花序につけます。雄花序は大きく、雄花は直径8～10mm、4枚の萼片、4本の雄蘂があり雌蘂がありません。雌花序はやや小さく雄蕊が無く、赤い液果状の石果をつける様子は美しい。

アオキ属には3～4種あり日本に1種、ヒマラヤから中国に3～4種が分布し、日本には北海道から鳥取までの日本海側の多雪地帯にヒメアオキA. j. var. borealisと中国地方、四国、九州、南西諸島にナンゴクアオキA. j. var. ovoideaの二つの変種があります。

薬用部分は生の葉、果実。イリドイドのオークビン、オークビゲニンなどが含まれ、特に果実に多く含まれています。アオキの葉は乾燥すると黒変しますが、これはオークビンの酸化によるといいます。

昔から民間薬として使われ、生の葉を火であぶって、または生葉の汁を煮詰めて軟膏を作ります。火傷、切り傷、腫れもの、ひょうそ、痔、脱肛の痛みを和らげ、膿を出すのに効果があるといわれています。種子、葉を煎じて飲めば頻尿、膀胱炎、腹痛、便秘、利尿、健胃、に有効。生の葉を黒焼きにして番茶に入れて飲むと毒消し効果があるといいます。

キハダのエキスにアオキのエキスを加えて煮つめたものが「陀羅尼助」として健胃整腸剤として有名です。高野山の空海が2年間の唐で得た医薬の知識から作り始めて、世に広まった施薬であると伝えられています。

アオキの名は枝が青く、葉も年中青々しているためで、漢名は果実が珊瑚のように赤いことから「桃葉珊瑚」とよばれています。

果実

斑入りの葉

花

ア
カ
サ
タ
ナ
ハ
マ
ヤ
ラ
ワ

アオツヅラフジ

Cocculus trilobus

本州、四国、九州、沖縄、台湾、フィリピン、中国に分布する落葉性でつる性の木本(もくほん)植物で、山野の林縁、道端などに普通に見られます。

茎は細く左巻きに物に巻きついて 10 m位に伸びます。つるをいろいろな生活の用具に使ってきました。

雌雄異株で、葉は互生、卵円形、ときに３浅裂(せんれつ)、葉や小さなつるには細かい毛があります。花は７～８月に葉腋または枝先から円錐花序に多数の 5mm 位の小さな黄白色の花をつけ、液果は藍黒色。種子はカタツムリ様の渦を巻いています。

薬用部分は根茎と根で生薬名を「木防已(もくぼうい)」といいます。

秋に掘り上げて輪切りにして、日干しします。

アルカロイドのトリロピン、イソトリロピン、マグノフロリンなどを含有します。

トリロピンには解熱、血圧降下、骨格筋麻痺の作用があり、漢方では利尿、鎮痛を目的として配合され、民間的には神経痛、リウマチ、痛風、膀胱炎、淋病、むくみなどに用いられます。

中風で手足がしびれたり、ひきつって痛むときにも良いといわれ、浴湯料として使っても効果があるいいます。

別属のオオツヅラフジ Sinomenium acutum も同様に使われます。

漢方ではオオツヅラフジは利尿効果が強く、アオツヅラフジは鎮痛作用が強いとして使い分けています。

アオツヅラフジ属は北アメリカ、東アジア、東南アジア、太平洋諸島、アフリカに８種あり、日本にはほかに直立する常緑低木のイソヤマアオキ C. laurifolius が九州南部、南西諸島に自生します。

アオツヅラフジ

オオツヅラフジ

アカネ

Rubia argyi

古代日本の赤色染色の原料はアカネとベニバナを利用しており、奈良時代になってから蘇芳(スオウ)が渡来しています。

アカネは本州から九州、朝鮮半島、台湾、中国、ヒマラヤ、アフガニスタンに分布し、山地、林、山野に普通に見られます。

つる性の多年草で、根茎は細くよく分枝します。茎も盛んに分枝し、稜に逆棘があります。葉は4枚輪生しているように見えますが、2枚の葉と托葉2枚が並んでいて4枚に見えるということです。三角に近い卵型です。

花期は8～10月、円錐花序に小さな黄白色の花をつけ、実は丸く黒熟します。

もともと染料植物で茜染めとして利用されていました。

根を掘り上げて乾燥させ、一晩水につけて、水を取り換えて煎じます。その小さな植物の細かい根を沢山集めるのも大変な作業で貴重な染物です。

この煎液にヒサカキの灰汁に浸した布を浸けます。灰汁に浸け、乾かした布をアカネの煎汁に数十回浸して染めあげるという大変手間の掛かる染色です。

染めあげる手間は大変なものですが、灰汁の濃度、媒染剤にヒサカキの灰汁、炭酸カリウム、明礬などを使うと色合いの違ったものに染めあげることができます。

アカネ属は温帯から熱帯に60種が分布しています。染料に使われるのはアカネとセイヨウアカネ R. tinctorum などの数種です。

日本にはクルマバアカネ R. cordifolia var. pratensis、アカネムグラ R. jesoensis、オオキヌタソウ R. chinensis var. glabrescens などが分布していますが、これらは薬用にしていません。

アカネの薬用には根を用い、軽い止血、去痰、浄血に使われています。最近は、ブドウ球菌の抑止効果、抗腫瘍活性などが検討されています。

成分としてはアントラキノン誘導体のアリザニン、色素プルプリン、キサントプルプリン、ムンジスチン、ブンイドプルプリンなどを含んでいます。

漢方では茜根散に配合されています。

アカメガシワ

Mallotus japonicus

本州の秋田、宮城以南、九州、四国、沖縄、朝鮮半島、中国南部の丘陵地に分布します。

普通の落葉小低木で、雌雄異株。樹高５ｍ位になり、樹皮は褐色、葉は長い柄で互生、倒卵形で３浅裂。６月に枝先に花弁の無い黄色の花を総状ないし円錐状につけます。葉柄と新芽、若葉には紅赤色の毛を密生させ、漢字で「赤芽柏」と書きます。

薬用部分は葉、樹皮で夏に採取して水洗、刻んで日干しにします。

樹皮に苦味質のベルゲニン、ルチン、タンニンを含み、葉にゲラニイン、マロツシン酸、マロチン酸、種子には強心配糖体のコロトキシゲニン、マロゲニン、コログラウシゲニン、パノゲニンなどを含有します。

葉のエキスは少量で胆汁排泄促進作用、大量では抑制作用があります。樹皮には胆汁排泄抑制作用がみられます。葉のエキスにはわずかに鎮痛作用があり、ベルゲニンには胃液分泌抑制作用、抗潰瘍作用が認められます。

民間的に胃潰瘍、十二指腸潰瘍、胃腸疾患、大腸ジスキネジ症、胆石症、肝炎、神経痛、リウマチなどに用いられ、浴湯料としてアセモ、カブレ、リウマチ、神経痛などに用いられます。

煎汁は痔、腫れものに外用すると良いといいます。葉を搗き砕いて貼ると種々の腫れもの、乳腺炎、痔、湿疹、かゆみ止めに良いといわれています。

タンニンが胃潰瘍の潰瘍部のタンパクと結合して刺激をさえぎり治癒を促進することで胃潰瘍の薬として販売されました。商品名は「マロゲン」です。

アカメガシワとは赤い芽が美しく、食べ物をのせるのに良い葉を持つ植物という意味で、別名にもゴサイバ（五菜葉）、サイモリバ（菜盛葉）、ミソモリ（味噌盛り）、ショウグンボク（将軍木）などがあります。

日当たりの良い所を好み、成長が早いのですが、木蔭になると枯れていきます。

葉を草木染めの材料としクロム媒染で黄橡（きつるばみ）色、錫媒染（すずばいせん）で黄色、銅で金茶色、鉄で紫褐色、黒色にと染まり、果実も染色に使えます。

アキカラマツ

Thalictrum minus var.hypoleucum

日当たりの良い所に自生する多年草で、北海道から九州、奄美大島、千島列島、サハリン、朝鮮半島、中国東北部、ロシア極東部、モンゴルに分布します。

草丈は20cmから2mまでと変化が大きく、茎は円柱形で直立し、緑色で無毛です。茎の上部は細かく枝分かれして、幅1～3cmの小葉の複葉をつけ、7～9月に茎の上部に淡黄白色の小さな花を沢山つけます。

薬用部分は全草で結実前に採取して日干しにします。

全草にアルカロイドのタカトニン、マグノフロリンを含みます。このアルカロイドは多量に摂取するとクラーレ様作用を示し、血圧下降、神経麻痺を起こすので注意が必要です。

アキカラマツは「高遠草（たかとうぐさ）」とよばれ長野県の高遠地方で健胃、下痢止め、腹痛に民間薬として使っていたのを戦時中、物資不足の中で厚生省（当時）が効果を公認、推奨して全国に広まりました。中国由来の薬草では無く日本独自の薬草です。

連用すると気分が優れ、体が軽くなるといわれます。また煎じ汁は打ち身に良いといいます。

同属にカラマツソウ T. aquilegifolium var. intermedium、ミヤマカラマツ T. tuberiferum、ツクシカラマツ T. kiusianum、ヒメカラマツ T. alpinum. var. stipitatum、ノカラマツ T. simplex var. brevipes、シキンカラマツ T. rochebrunianum、シギンカラマツ T. actaefolium など沢山あり、花の美しいものも沢山あります。

アキカラマツとカラマツソウは良く似ていますが、アキカラマツの果実はほぼ卵型で縦の稜があり柄が無いのですが、カラマツソウではやや細長く、翼があり、先が尖り、長い柄で垂れ下がっています。

薬用にはアキカラマツの地上部のみが使用されているようです。

アシタバ

Angelica keiskei

アシタバは関東、伊豆半島、伊豆七島、紀伊半島の温暖な海岸地帯に植生する強壮な多年草で栽培もされています。

伊豆の八丈島では昔から畑に植えられていて強壮野菜の名もあります。若葉は柔らかく、特有の香りがあり、お浸し、和えもの、天婦羅などに利用されています。

アシタバは「明日葉」と書き、葉を摘んで利用してもすぐ次の日には新しい芽が出て、葉が再生するという、その旺盛な生命力を意味しています。

草丈 0.5 ～ 1m にもなり、宿根から長い葉柄を叢生します。5 ～ 6 月に花茎を出し大きな複散形花序に黄白色の小さな花を沢山つけます。

似た植物にハマウド Angelica japonica がありますが、アシタバは葉、茎を切ると黄色い汁が出ますが、ハマウドは出てきません。ハマウドは有毒とされ食用にされていません。

栽培は暖地で排水が良ければどこでも良く、冬の寒さには弱いので藁と土を層にしてかければ、越冬でき、実生、株分けで殖やせます。

薬用には葉を使い、春、夏に葉を採取します。これを水洗いし、手で細かく千切って日干しにした後、陰干しにします。

葉にフラボノイドのルテオリン-7グルコシド、イソクエルセチン、アンゲリカ酸、プソラレン、イソプソラレンなどを含有します。

利尿、緩下、毛細血管強化、強壮、強精、食欲増進、疲労回復などの作用があり、民間では高血圧の予防に用いています。

乾燥葉 20 ～ 30 g にお湯をそそぐか、土瓶で煎じてお茶代わりに飲み、また生葉の絞った青汁を、1 日 100ml を限度に服用しても良いといいます。

アマ

Linum usitatissimum

アマ科は6属、約220種からなり、草本または小低木で北半球の温帯から亜熱帯に広く分布しています。アマ属Linumが最大の属で約200種あります。

アマは中央アジア原産の1年草。5000年も前からエジプト、小アジアで重要な作物として育てられ、日本、中国中部、朝鮮半島、アメリカ、カナダ、ソ連、ベルギーなど世界各地で栽培されるようになりました。

日本へは元禄時代に導入されて、亜麻仁油を取って薬用にしました。

細くしなやかな茎は草丈1m位になり、先の方で枝分かれします。長さ2～3cmの葉も細長く、互生し、夏に茎の先端に1.5～2cmの小さな紫青色ないし白色の5弁の花を集散花序につけます。直径7mm位の果実ができ、中に10個位の黄褐色の長楕円形で扁平な種子が入っています。

茎の繊維は柔らかくて美しい光沢があり、高級な織物のリンネルの原料にされます。

薬用部分は種子で生薬名を「亜麻仁」といいます。種子には脂肪油が含まれ、オレイン酸、リノール酸などのグリセライド、タンパク質、多糖体の粘液、青酸配糖体のリナマリンを含有しています。

種子をそのまま下剤として使ったり、油を絞って亜麻仁油として薬用、食用、石鹸、油紙、油絵具、塗料、印刷インクなどに用いられます。

種子をそのまま、あるいはすり潰して服用すると粘液、脂肪油の作用で腸に刺激を与えないで緩やかな作用で排便を促します。効果が出るのには日数がかかります。

種子を水に浸すと粘液が出てきますが、これを服用すると咽頭カタルや胃粘膜カタルに良く効き、またリナマリンという成分には鎮咳作用があります。

また亜麻仁油を軟膏基材にもします。種子をすり潰して水で練り、皮膚に塗ると痒みを止めて、抜け毛を防ぐといいます。

中国では「補益肝腎の効果有り」として強壮、緩下の薬として便秘、病後の体力回復などに用いています。

アマチャズル

Gynostemma pentaphyllum

アマチャズルは一時健康茶としてブームになりました。ウコギ科のチョウセンニンジン（80頁）と同じ成分を含んでいることが分かったからです。

北海道から九州、南西諸島、朝鮮半島、中国、東南アジアにも分布しますが、中国では薬用植物としての重要視はされていません。日本でのブームもあらかた終了したのではないでしょうか。

雌雄異株で８～９月に黄緑色の小さな花を総状円錐花序につけます。地を這い、やぶの雑木に巻きひげでからみつく、つる性の多年草です。葉を噛むと甘い味がします。産地、株によって甘味の程度、甘味の質に違いがあるようです。本来は葉を糖尿病患者の甘味料として使っていましたが、成分研究で二十数種のアマチャズルサポニンが見つかり、うち４種がチョウセンニンジンと同じサポニン、ジンセノサイド Rb_1、Rb_2、Rd、F_2 が見つかりました。

血清コレステロールを下げる、血圧の調整をする、気管支炎、胃障害、潰瘍、便秘、胆石、肥満、ガン、免疫機能の上昇、糖尿病、不眠、疼痛などに良いといわれますが、科学的な試験はされていません。

アマチャズル属 Gynostemma は東南アジアから東アジアにかけて十数種知られており、いずれもつる性の草本植物です。

ブドウ科のヤブガラシ、クワ科のカナムグラと形態が似ていますが、巻きひげの出方、茎の硬い毛の有無、葉の形で区別できます。

動物実験では中枢神経への作用、鎮静作用など、チョウセンニンジンと同じ作用も観察されており、今後、さらに研究されれば有用性が出てくるかもしれません。何しろチョウセンニンジンは高価ですから。アマチャズルは繁殖力旺盛で、栽培しやすいですが、チョウセンニンジンは栽培が難しいのが難点ですから薬効の研究で有用性が出てくれば良いのですが。

アンズ

Prunus armeniaca var. ansu

アンズの原産地は中国の山西、山東、河北、遼寧の南部といわれていますが、一般に二つの系、「欧州系」と「東亜系」に分類され、改良品種の作成の歴史が分かれています。

日本への渡来は、平安時代に唐より入っていたようです。

樹高5m位になり樹皮は堅く、葉は互生、卵円形で先端はとがっています。春に葉より先に淡紅色で5弁の美しい花をつけます。

中国にはアンズ、ホンアンズP. armeniaca、マンシュウアンズP. mandhurica、モウコアンズP. sibiricaがあり、ホンアンズとアンズは果肉を食用にし、種子の仁（核）を杏仁といって薬用にし、モウコアンズとマンシュウアンズは、果実が小さいので食用にはせず、薬用専用にしています。

薬用には紀元前2000～3000年から使用されていて『神農本草経』にも記載があります。

ヨーロッパでは料理用のスパイスや油の原料として大量に使用しています。

薬用部分は種子で生薬名を「杏仁（きょうにん）」といいます。アミグダリン3%、脂肪油35～50%、ビタミンA、B_2、B_1、Cを含有します。アミグダリンは酵素エムルシンで加水分解されベンズアルデヒド、青酸、ブドウ糖になります。

鎮咳、去痰の薬として喘息、咳、呼吸困難、胸痛、便秘、浮腫などに使用します。

杏仁を圧搾して得られるキョウニン油は、軟膏基材、油性注射薬の溶剤、毛髪油、コールドクリームなどに使われます。

キョウニンから油分を抜いた後、蒸留して精製水、エタノールを加えてキョウニン水を作り、鎮咳去痰に用いますが、多量に用いると青酸中毒を起こすので注意が要ります。

民間療法では、アンズの果肉にミョウバンを加えて煎じてワキガに局所使用します。葉は、便秘、眼疾患に、花を手足の冷えに、樹皮や根を駆瘀血や杏仁の中毒に使います。

アンミビスナガ

Ammi visnaga

セリ科の Ammi 属には6種があり、A. majus と A. visnaga の2種が薬用にされます。

A. majus はエジプトの民間薬として白斑(はくはん)に使用されていましたが、中、北欧に移入され、成分分析のうえ白斑治療薬としての地位を確かにしています。A. visnaga は地中海沿岸からペルシャにかけて分布し、食用、薬用に栽培されてきた越年草です。

草丈は1～1.5m になり、上部の葉は、3～4回羽状に細裂してコスモスの葉に似ていて、夏に小さな白い複散形花序をつけます。紀元前1世紀に著された『ディオスコリデスの薬物誌』に腹痛、排尿困難、毒獣に咬まれた時の治療に良いとの記載があり、大変古くからの薬用植物です。薬用部分は果実で、アンミ実、ケラ実とよばれています。

果実にフロクロモン誘導体のケリン、ビスナギン、ケロール、クマリン類のサミジン、ビスナジン、ジヒドロサミジンなどを含有します。冠血管拡張作用、血圧降下作用、平滑筋弛緩作用などがあり、狭心症、百日咳、喘息などに煎剤、チンキ剤にしてエフェドリンやアドレナリンのように使われましたが、副作用が多いので現在ではほとんど使われなくなりました。

しかし英国のファイソン社が約700種のケリンの誘導体を合成し、臨床医のロジャー・アルトニアン博士が自らの喘息の治験に試み、抗原吸入誘発試験を行い、気管支収縮を最も強く抑制するクロモグリク酸ナトリウムを発見しました。

すでに起こっている喘息やアレルギー性鼻炎を抑えるのではなく、抗原抗体反応に伴って起こるマスト細胞からのヒスタミンなどの化学伝達物質の遊離を抑制することによって、発作を防止し、好酸球などの炎症性細胞の活性化を抑制できることが分かってきました。

すなわち喘息などの発作を止めるのではなく、発作が起こるのを予防する効果があります。

気道、鼻腔へ直接、局所投与することで、経口投与に比べ少量で済むので、全身的な副作用も少なく、安全に使用できる製品ができています。消化管から吸収されないので吸入でしか利用できませんが、反応臓器が気道ですので、直接患部に送り込むことができるのが利点です。作用時間が6時間位なので1日4回位吸入する必要があります。

歴史のある薬草の成分研究から新物質を発見、局所使用で副作用を解消できた画期的な薬品です。現在では植物からの抽出ではなく全合成で作っているようです。サノフィ株式会社からインタールの商品名で発売されています。アンミビスナガの開花期の写真は京都の日本新薬(株)の植物資料館の山浦館長に提供していただきました。

アンミビスナガ苗

アンミビスナガ開花期

アンミマユス開花期

イチヤクソウ

Pyrola japonica

イチヤクソウとは「一薬草」の意味で止血、鎮痛の効果があり、薬用にされることからの名であり、生薬名を「鹿蹄草（ろくていそう）」といいます。

南千島、北海道から九州、朝鮮半島、中国東北部、台湾に分布し、山中から海岸林まで広い範囲の樹陰に植生します。

15～25cm位の茎に6、7月頃、白っぽい小さな花を数個総状に下垂させてつけ、葉はやや厚く深緑色、裏は紫色を帯びます。

仲間には日本に、ベニバナイチヤクソウ P. incarnata、マルバイチヤクソウ P. nephrophylla、コバノイチヤクソウ P. alpina、ジンヨウイチヤクソウ P. renifolia などの7種があります。

イチヤクソウ属は北半球の温帯に約40種が分布し、常緑性の多年草です。

薬用部分は全草で6月頃刈り取り、日干しにします。

全草にフェノール配糖体のピロラチン、アルブチン、フラボノイドのクエルセチン、クエルシトリンのほかウルソール酸、オレアノール酸、β-シトステロールなどを含みます。

血圧降下作用、血管拡張作用、利尿作用、止血、消炎、強心、抗菌作用などがあり、脚気、関節炎の疼痛、膀胱炎などに用いられ、民間では生の葉の汁を打撲傷、切り傷、蛇に咬まれた傷、虫さされなどに外用します。浴湯料にすれば痔、脱肛、また保温に良いといいます。

ベニバナイチヤクソウも同様に使われます。

可愛らしい花ではありますが、イチヤクソウは根がある種の菌類と共生しているので移植しても栽培は難しいようです。

イランイラン

Cananga odorata

バンレイシ科は日本ではあまりなじみの無い科かもしれませんが、チェリモア、アテモヤなどという美味で、良い香りの果物のなる木が所属し、香水の原料として有名なイランイランが含まれています。

バンレイシ、トゲバンレイシは南国では普通の果物です。この科には珍しく落葉性のポポーAsimina triloba は北米原産の植物ですが、日本でも果樹として栽培されています。

バンレイシ科には130属、2,300種があり、主としてアジア、アメリカ、アフリカの熱帯に分布します。

イランイランとは変わった名前ですが、筆者が大学での最初の生薬学の授業の時、素晴らしい香料の採れる木と教えていただいたのです。それが妙に頭に残っていて、何十年も経ってから植物園で現物の花を見て、懐かしく昔を思い出しました。

イランイランの花を大量に集め、蒸留して得た精油をさらに再蒸留して香水にします。蒸留滓(かす)を絞ってカナンガ油を採ります。

東南アジアからオーストラリアまで各地で自生、栽培されていますが、本当の自生地は不明です。シンガポールでは並木にしています。

イランイランとはタガログ語で「花の中の花」という意味だそうです。

蕾が開いてからも花弁が成長し、長さ8cmにもなり、白い花弁が黄色くなってくると香りが良くなり、強くなってきます。香水として推薦します。

前述したポポーが日本ではあまり普及していないのは、成熟してからの保存が難しく、種子が多く食べにくいなどの難点があるからです。結構美味でチェリモア、アテモヤに似た香りと食感で野性味があり楽しいものです。

埼玉の畑に植えて3年目で、まだ実ができるに至っていませんが楽しみにしています。

イランイランは薬用植物ではありませんが、生薬学の授業での思い出として1頁取らせていただきました。

コラム

＊陀羅尼助と百草丸＊

昔は仏教や神道は信心で人の心を救うのみでなく、病魔退散をも祈り、平安を祈りました。

そして布教の道や信仰の遍路の道すがら、医薬品を貴重な土産物として全国に広めていきました。そうした中、紀伊の国、高野山で空海、のちの弘法大師が真言密教の体得のかたわら世の人のため開発したと伝えられる「陀羅尼助（だらにすけ）」があります。黄柏（きはだ）の皮を煮詰めた液を餅米に混ぜ合わせて乾燥、固形にしたものであったといわれています。

高野山において頒薬を目的に製造を始めたのは明治末期のことでした。「大師陀羅尼助」と銘打って製造したのは、黄柏 80、竜胆 10、青木葉 10 の割合で乾燥エキスにしたものです。昔は乾固エキスを竹の皮で包んでいたのが糖衣錠でガラスビン入りになりました。

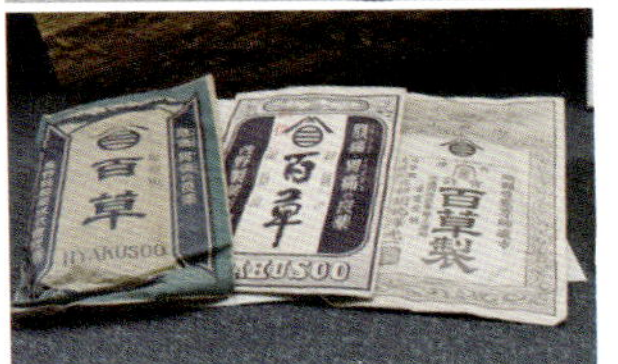

木曽の御嶽山の「百草丸（ひゃくそうがん）」もルーツは陀羅尼助であるといいます。霊場として全国から修験者が集まる御嶽山は薬草の宝庫でもありました。黄柏をベースに幾多の薬草を加えて、明治の時代に内務省の許可の下 27 軒の業者が製造し、信者ルートで全国に広められていきました。

陀羅尼助は仏教の弘法大師の信仰で、百草丸は神道で御嶽山の山神、大己貴命（おおなむちのみこと）と少彦名命（すくなびこなのみこと）への信仰です。それぞれ全国に広がって、病める人を苦しみから救ってくれたのでしょう。

コラム

＊萬金丹＊

近年、伊勢神宮、高野山へのツアーに参加しました。神宮参拝を終えて「おかげ横丁」を散歩していると、路傍でテントを張って「伊勢の国 萬金丹」を売る店が出ていました。

「越中富山の反魂丹、鼻くそ丸めて萬金丹」で有名な 600 年の歴史を持つ伊勢の伝統薬です。お伊勢参りが流行した昔からの、荷にならない、実益のあるお土産として全国に広まりました。

「月まんまるの萬金丹、上がるにも良し、下るにも良し」といって嘔吐にも、下痢にも良いと日本中の評判を得ていました。

沈香、木香、丁子、肉桂、甘草、阿仙薬、麝香、氷餅粉を寒中の酷寒の朝熊岳（あさまだけ）の泉の水で練り合わせて製造する。7 月から 9 月までは製造しないのがしきたりでした。

製薬のいわれは尾張の豪商、鎌田屋右兵衛の娘、尚代と手代の清吉の悲恋とハッピーエンドにまつわる菩薩の化身、白蛇が二人に処方を伝授し、仏恩に感謝した清吉夫婦が荒れ果てていた朝熊山の金剛證寺を復興させ、製薬を開始したのが萬金丹であるといいます。

私も伊勢土産に萬金丹を一袋買って帰りました。

ウマノスズクサ

Aristolochia debilis

本州の関東以西、四国、九州、および中国に分布し原野、畑などに植生する、つる性の多年草で、草丈30cm ～ 1m、根は長く地下に伸び、ところどころから株を出します。

茎は細く強く、初め直立し、上部は他の物にまつわりついて伸びていき、まばらに分枝、葉は互生、3角狭卵形で鈍頭、帯紫緑色で茎、葉には独特の悪臭があります。6 ～8月に筒状ラッパ型の紫緑色の花を葉腋につけ、蒴果(さくか)は球形です。

薬用部分は、根を「青木香(せいもっこう)」、または「土青木香(どしょうもっこう)」、果実は「馬兜鈴(ばとうれい)」といいます。

根は10 ～ 11月に掘り上げ水で洗い、日干しにし、果実は7 ～ 8月頃、黄色くなりかかった頃に採取して、これも日干しにします。

根にアリストロキア酸、デビル酸、マグノフロリン、アラントイン、アリストロン、イソアリストロン、デビロンなど、果実にアリストロキア酸、アリストロキン、アリストロキン酸、マグノフリンなどを含有します。

根に降圧、鎮静、気管支拡張、抗菌の作用、果実に去痰、気管支拡張、抗菌の作用があり、根を高血圧、リウマチ、打撲傷、喉の痛み、通経、浄血に使用し、果実を鎮咳、去痰、慢性気管支炎、喘息に用います。

根、果実とも有毒であり、使用は慎重にする必要があります。

オオバウマノスズクサ A. kaempferi は中国原産ですが、関東以西の各地に帰化していて同じような成分を含んでいます。

下痢、胸痛、腹痛、喉の痛み、毒蛇の咬み傷、小児の消化不良などに使います。

オオバウマノスズクサは木本化すること、根が塊根であることが特徴です。実も球形ではなく長球形、ラグビーボールを長くしたような形です。

ウマノスズクサの花

オオバウマノスズクサの実

ウラシマソウ

Arisaema urashima

北海道の南部から中国地方の東部、四国まで広く分布し、球茎から 30 ～ 60cm の葉柄を 1 枚出し、鳥足状に 9 ～ 15 枚の小葉に切れ込んだ葉をつけます。葉に隠れるように紫褐色の仏炎苞をつけ、花序の付属体が糸状に外に長く垂れ、浦島太郎の釣り竿、釣り糸に見立てての名前です。

薬用部分は塊茎で輪切りにして、石灰をまぶして乾燥します。

多量の澱粉、蓚酸、サポニンを含むといわれますが、詳細は不明です。

顕著な鎮静作用、去痰作用が認められています。民間で腫れもの、肩こり、リウマチなどに粉末を酢で溶いて患部に塗ると良いといいます。

ウラシマソウ、マムシグサ A. serratum、マイズルテンナンショウ A. heterophyllum、ムサシアブミ A. ringens などの球茎を輪切りにして乾燥したものを生薬名「天南星（てんなんしょう）」といい同様の使い方をします。

いずれにせよこの仲間は有毒で刺激が強いので、内服利用は厳禁です。

大昔、食糧難の時代にはこれらの球根からサポニンなどの「えぐ味」を丁寧に水で晒す、あるいは煮こぼしをするなどして除き、毒抜きをして食料にした歴史もあるようです。

危険ですから試みないようにしましょう。

九州、四国、兵庫県西部にナンゴクウラシマソウ A. thunbergii、中国地方西部にはヒメウラシマソウ A. kiushianum、伊豆諸島の八丈島、御蔵島にシマテンナンショウ A. negishii が近縁として分布しています。

姿、形から山草として人気があり、観賞用に栽培されているものも沢山あります。

ウルシ

Rhus verniciflua

ウルシ科には80属600種があり、熱帯、亜熱帯、温帯に分布します。漆を取るウルシ、蝋を取るハゼノキ、果物のマンゴー、ナッツのピスタチオやカシューナッツなど有用な植物が多く、また紅葉が美しいものが沢山あります。うちウルシ属には200種があります。

ウルシは日本でも縄文時代前期の遺跡から漆を塗った土器が出土しています。古くからあって利用されていましたが、原産地は中国、ヒマラヤで古い時代の渡来品です。

樹高10mにもなる落葉高木で雌雄異株。奇数羽状複葉で4～6対の小葉、5～6月に葉腋から円錐花序を出し、小さな花を多数つけます。果実は乾いた石果で光沢があり、偏球形の7～8mm位の大きさで、多数を下垂させています。

薬用部分は樹脂を乾燥させたもので生薬名を「乾漆（かんしつ）」といいます。

フェノール化合物のウルシオール、ハイドロウルシオールのほかマンニトール、ゴム質を含有します。

乾漆を駆虫、通経、咳止めなどに使いますが、乾燥不十分な場合は皮膚炎を起こし、完全に乾燥したものでも、大量に使用すると脳の中枢神経を傷つけるので危険です。乾漆を火にくべて煙を吸うと扁桃腺炎に良いともいいます。

漢方では乾漆散に配されています。日本では薬用の乾漆は生産していません。

日本にもヤマウルシ R. trichocarpa が、野生し、民間薬として根皮を止血、消炎、解毒などに使用していたことがあります。果実から木蝋を取り、軟膏基材に使用したり、ロウソク、ポマードの原料にされます。

またツタウルシ R. ambigua も山中で良く見かけます。落葉性のつる植物です。薬用にされることはありませんが、ウルシオールやラッコールを含有するので皮膚につくと激しい皮膚炎を起こします。

雨の時、ツタウルシの下を通ると、落ちてくるしずくでカブレを起こす人がいるほどで、山歩きの時には注意する必要があります。

ヌルデ（92頁参照）、ハゼノキ（99頁参照）などと共に紅葉は見事で綺麗です。

ウルシノキの雌株（花）とウルシノキ

エゴノキ

Styrax japonica

エゴノキが夏の初め頃に、枝いっぱいに白い花をつけた様子は見事で美しい。

エゴノキ科には世界に11属、150種があり、北半球の温帯から熱帯にかけて分布しています。花の見事さもありますが、樹脂から薬品や防腐剤の材料として、重要な安息香(あんそくこう)が得られることで有名です。

安息香はエゴノキ属のいくつかの植物の樹脂を固めたものでインドネシアのスマトラ島が主産地です。その甘くて神秘的な香りが諸悪、諸邪を退けて安息をもたらすということでつけられた名です。

エゴノキは北海道から九州、南西諸島、中国、台湾、朝鮮半島に分布する落葉高木で樹高8～10mになり、4～5月に3、4個の下向きの総状花序に5裂する白い花を一斉につけ、葉は互生、柄があり長楕円形で先がとがります。楕円形の緑白色の果実は10月に熟し、中から黒い種子が出てきます。

材が均質で白く、粘りがあり、細工もの、彫刻材、建材などに利用されます。

果実、果皮、花、に含まれるエゴサポニンは石鹸として使用されたり、川に流して魚を麻痺させて獲る魚毒として使われましたが、今では禁じられた漁法です。

種子にもエゴサポニンが含まれ、咳止め、去痰剤としたこともありますが、原形質毒であり、溶血作用があるので有毒で、えぐ味が喉を刺激するので使用は危険です。

花をつけた姿が見事なので公園などに良く植えられています。

エニシダ

Cytisus scoparius

地中海沿岸、ヨーロッパ原産の落葉低木で鑑賞用に庭園、公園などに植栽されています。樹高 1 ～ 3m になり、枝は緑色で細く、箒状に良く分枝して、だんだん下垂してきます。

枝にまばらに 3 小葉からなる 3 出複葉をつけます。初夏に葉腋に黄色の蝶形の花を 2、3 個ずつつけた様子は美しい。

薬用部分には枝、茎葉を採取して日干しにします。

アルカロイドのスパルティン、サロタムニン、ゲニスティンなどのほか、配糖体のスコパリン、フラボノイド、精油、タンニンなどを含有します。

子宮収縮、頻脈、不整脈の治療薬としての硫酸スパルティンの原料とされます。花のついた茎葉を利尿、瀉下(しゃげ)、止血、不整脈、心悸亢進(しんきこうしん)などに。また末梢血管収縮作用があり月経過多にも使用されます。ただし毒性が強く、量を違えると呼吸困難、血圧降下、胃痙攣、運動神経麻痺、知覚麻痺、嘔吐、下痢を起こすので、自己判断で使用しない方が良いようです。ヨーロッパでは茎や枝をむくみなどに使用しましたが、中国、日本では生薬としては使いません。

翼弁に赤い斑が入った園芸品種ホオベニエニシダがありますが、エニシダと交配して多くの園芸品種が作られ、ヨーロッパで庭木として利用されてきました。

エニシダ属には 33 種があり、北アフリカ、西アジア、ヨーロッパ、カナリア諸島に分布しています。

昔、イギリスでは魔女がエニシダの箒にまたがって夜中に空を飛ぶと信じられていました。

種小名の scoparius は「箒状の」という意味です。魔女裁判という無茶な判決を出す裁判がありました。心ある裁判官が被疑者の体重を計って魔女かどうかを判定したといいます。体重があっては、エニシダの箒に乗って空を飛べるはずがないといって、被疑者を救ったということです。西洋版大岡裁きですね。

オオバコ

Plantago asiatica

オオバコ科は3属からなり、ほとんどが草本ですが、稀に低木になるものもあります。進化の過程で虫媒花から風媒花へ変わっていったと推測されています。

オオバコは人里植物といわれ、人間の動きと連動して生息範囲を広げ、中国では牛車や、馬車が通る路に沿って生えるという意味から「車前草」とよんでいます。

路上植物とか踏み跡植物ともいわれます。他の植物が生育し難い所でも、オオバコなら耐えられて、条件の良い所では他の植物に負けてしまう…耐える植物ということでしょうか。

オオバコは東南アジアからシベリアにかけて分布する多年草です。葉は卵型、平行脈で双子葉植物としては変わっています。4～9月に10～30cmの花茎を出し、白い小さな花を穂状につけます。蒴果は長楕円形で4～6個の種子が入っています。

薬用部分は全草、または種子です。花期に全草を採取し、水で洗い、日干しにします。秋に果穂が成熟した頃、地上部を刈り取り乾燥して種子を集めます。

トウオオバコやヘラオオバコも同様に使用されます。

全草にアウクビン、プランタギン、プランタギニン、ホモプランタギニン、ウルソール酸、β-シトステロール、アスコルビン酸、クエン酸、アデニン、コリン、コハク酸などを含んでいます。

プランタギンは呼吸中枢に作用します。呼吸運動を緩慢にし、鎮咳作用があり、分泌神経を興奮させ気管、気管支の分泌を促進します。カリウム塩による利尿作用もあり、鎮咳、去痰、消炎、利尿、便秘、蓄膿症、関節痛、神経衰弱などに使われて、最近では胃カタル、十二指腸潰瘍、動脈硬化への効果が注目されています。

漢方では竜胆瀉肝湯、牛車腎気丸、明朗飲などに配されています。

オオバコ属は世界に250種あり、日本には帰化植物も入れると12種があります。ヘラオオバコ P. lanceolata とセイヨウオオバコ P. majorha の2種は、ほぼ世界中に分布しています。

オオバコの仲間は蓋果とよばれる蓋のついた蒴果をつけますが、その中の種子の形や数が種を見分ける重要な特徴となります。ヘラオオバコでは蒴果の中に長さ2～3mmのラグビーボール状の種子が1～2個、オオバコでは種子が4～6個ですが、セイヨウオオバコでは8～20個です。伸びた枝に花が咲き、実がつきます。

オニノヤガラ

Gastrodia elata

ナラタケの菌糸から養分を摂取する多年草の腐生ランの１種です。春に山林の落ち葉の中から黄褐色の1m以上に伸びる太い花茎を立てて、６～７月頃、花茎の先に、ゆがんだつぼ型の黄褐色の花を総状花序に密生して多数つけます。

関東の山を薬草観察の一行と歩いていた時、多数の個体は遠目からでも観察できました。

種子を飛散させたあと花茎は倒れます。地下にやや扁平な楕円形の塊茎があるだけで根が複雑に分岐するということがなく、その塊茎の中でキノコの菌糸を消化するようです。

日本では北部、中部に多く、九州では稀であり、アムール、ウスリー、朝鮮半島、中国東北部、雲南省、台湾に分布します。

薬用部分は根茎で６月頃、掘り上げ水洗いし、乾燥したもので、生薬名を「天麻（てんま）」といいます。天麻の断面は半透明で辛味があります。

根茎にバニニルアルコール、バニリン、ガストロジン、ガストロジオシドなどを含有しています。

胆汁分泌促進、抗てんかん作用、鎮痛作用などがあり、鎮痛、鎮痙、頭痛、めまい、関節炎、ヒステリー症、てんかん、リウマチ、強壮剤などとして使われます。

種子を「天麻子（てんまし）」といい、同じく強壮薬とします。

茎も潰して布に広げて、熱を帯びた腫れものに貼ったりの利用もします。

中国では滋養強壮、健康増進の目的で薬膳料理に用いたりもします。

漢方では半夏白朮天麻湯、沈香天麻湯などに配されています。

日本産のGastrodia属にはオニノヤガラのほか、コンジキヤガラG. javanica、ハルザキヤツシロラン、G. nipponica、アキザキヤツシロランG. verrucosa、ナヨテンマG. gracilisなどの８種が分布しています。

腐生植物であり、移植しても１年目は蓄積した栄養で何とか生きますが、２年目以降は無理なようです。

オニユリ

Lilium lancifolium

北海道から九州、朝鮮半島、中国、チベットに分布、山地の林縁、草原、路傍に生え、また観賞用、食用（百合根）に栽培される多年草です。

太い円柱形の茎を直立して、草丈1～2m、鱗茎は球形で白い。鱗片は卵型。葉は互生、葉腋に濃褐色のムカゴをつけます。

7～8月に茎頂に橙赤色で濃い斑点のある花を沢山下垂させてつけます。

薬用部分は鱗茎で生薬名を「百合（びゃくごう）」といいます。

秋から冬にかけて鱗茎を掘り上げ、水洗いし、鱗片を剥ぎ取り、熱湯を掛けてから、日干しにします。多量の澱粉、脂肪、タンパク質、糖類の他ビタミン B_1、B_2、C、cis - アンテラキサンチンエステルなどを含有します。

鎮咳、止血、止渇、消炎、利尿、鎮静の作用があります。

漢方では百合滑石湯、百合固金湯、百合膏などに配されています。

Lilium 属ではヤマユリ L. auratum、コオニユリ L. leichtlinii も同様に薬用にされます。

Lilium、ユリ属は世界に約100種が北半球の温帯を中心に亜熱帯、亜寒帯に分布しています。北アメリカに25種、ヨーロッパに10種、アジアに65種があり日本には13種が自生しています。上記のほかクルマユリ L. medeoloides、ササユリ L. japonicum、カノコユリ L. speciosum、ヒメユリ L. callosum、テッポウユリ L. longiflorum など花が美しく庭、花壇などに観賞用に植えられるものが沢山あります。

日本のユリ、中国のユリが国内は勿論、ヨーロッパに持ち出されました。そして品種改良されて、幾多の観賞用の園芸品種が作られ世界に出回っています。

オニユリはムカゴをつけますが、コオニユリはつけません。

繁殖力はかなり強く庭に植えても良く増えます。観賞用、食用にどうぞ。

庭に植えたオニユリが良く繁殖し、増えすぎたので、掘り上げて食べてみました。市販品より非常に美味に感じました。特に水炊きに入れて軽く煮たてて食べるとほのかな苦味と甘い味わいが乙です。煮すぎると崩れてしまいます。

オモト

Rohdea japonica

山地の樹林に自生していますが、葉に変化があり、実も美しい赤だったり、時に黄色だったりして観賞用にも愛培されています。

年中青い葉をつけているという意味で漢名を「万年青（おもと）」といわれるように常緑の多年草です。関東以西の本州、四国、九州、沖縄、中国にまで分布します。5～6月に太い花茎の先に円柱形の花序に小さい黄白色の花を密生させ、根茎は太く、横臥から斜上し、硬い根をつけます。葉は皮針形で厚く光沢があります。

オモト属 Rhodea は、日本、中国に2種あります。日本には沖縄にサツマオモト R. j. var. latifolia といって葉の広い変種があります。世界にはほかに台湾山地に R. watanabei があるのみです。

オモトの根や根茎、葉、種子には利尿作用のある強心配糖体ロデキシンA、B、C、D、ロデイン、ロデニン、ステロイド系サポニンのロデアサポニンなどを含みます。

民間療法として生の根茎をすりおろし、酢と小麦粉で練って土踏まずに貼ると肋膜炎に良いといわれます。また、葉の絞り汁を塗ると乳房の腫れ、突き指、火傷、頭のふけに効き、実を潰して、しもやけに貼ると効果があるといわれています。

乾燥した根茎を煎じて服用すれば強心、利尿、神経痛、リウマチ、中風、脚気、黄疸、てんかん、婦人病に効果があり、葉の絞り汁の服用で黄疸、咳に良いなどといわれますが、オモトの作用は心臓に対する作用、運動麻痺、全身痙攣などと激しいので内服は避けて、ほかの治療法を選択するのが賢明です。

オモトを観賞の対象にして栽培を始めたのは元禄年間（1688～1704）のことだといいます。さらに寛政、文化文政（1789～1830）の頃に趣味園芸として確立されました。

明治～昭和になっても品種改良が進み、有名なものだけでも500種を超え、全国に10万人を超す愛好者がいるといいます。日本の伝統的な観葉植物です。

4月中旬または10月に株分けして殖やすことができます。

オリーブ

Olea europaea

原産地は地中海沿岸地方や北アフリカ、あるいは小アジアといわれていて、紀元前3000年頃にはギリシャでも栽培されていました。現在ではインド、パンジャブ地方から地中海沿岸など世界各地の比較的気温が高い所で栽培されています。

日本へは鎖国の時代に長崎の崇福寺（そうふくじ）へ導入されたのが最初で、明治12年にフランスから2000本の苗木を輸入し、うち数本が和歌山、神戸、加古川に現存しているといいます。明治41年香川県の小豆島へアメリカから導入したのが成功し、昭和17年に岡山県牛窓へも拡大しました。現在では、ここが日本での2大オリーブ産地になっています。

樹高3～10mになり、葉は対生、表面は光沢のある濃緑色、裏面は毛が密生して銀白色です。

5～6月にモクセイに似た、黄白色の芳香のある、小さな花を前年枝の葉腋から総状花序を出し咲きます。果実は緑から黄色くなり、のちに黒くなってきます。

10月に淡黄色に色づいた果実を採取、塩漬けにしてピクルスにし、11～12月に黒熟した果実からオリーブ油を採取します。採取したオリーブ油は医薬品、化粧品、食用に利用されます。

果実を搾ってオリーブ油を取りますが、収率20%になるといわれます。オリーブ油は種子からではなく果肉部分を絞って採取します。一番搾りはバージンオイルといって珍重されます。

ほとんどがオレイン酸のグリセライドで、ほかにわずかにリノレイン酸、パルミチン酸、アラキドン酸のグリセライドを含有します。

注射用の溶剤、軟膏基材、皮膚への塗布用、浣腸剤、擦剤原料、香油、頭髪油、石鹸原料などにも利用されています。

オリーブ油は血中のコレステロール値を低下させ、善玉コレステロールを上昇させます。糖尿病に良いなどといわれています。

世界での品種数は500にも及び、ピクルス用、オリーブ油用と兼用用と発達しました。

古くから神話に登場したり、国連の旗に描かれたり、オリンピックの賞にしたりして人類の繁栄、希望、平和の象徴とされています。

聖書にノアの大洪水の時、ハトを方舟から放すとやがてオリーブの枝を咥えて戻ってきたとの話などから、平和のシンボルとしてオリーブが使われるようになっているとのことです。

また画家のルノアールはこの木を愛し伐採から守り、描いたといわれています。

カザグルマ

Clematis patens

本州の秋田から九州、朝鮮半島、中国に分布し、花が美しいので庭園にも植栽される落葉性で木質のつる性植物です。

以前は各地に自生していましたが、乱獲と環境破壊の影響で、全国的に個体数が減ってしまっているのが現状です。

茎は細長く、葉は奇数羽状で対生し、3出葉、または2回3出複葉で小葉は卵形で長い柄があり、先端はとがります。

5～6月に枝端に花柄を出し、通常紫色の大きな花を開きます。花弁は無く8枚の萼(がく)が車輪状に開き、花弁のように見えます。根は橙黄褐色で針金状に長く伸びます。

薬用部分は根で秋に掘り上げて、水洗して、良く日に干します。

根にサポニンのイレイセニンを含有します。

利尿、整腸、痛風、リウマチに用いますが、連用せず、休薬期間をとることが必要とあります。

テッセン Clematis florida はカザグルマと良く似ていますが、中国原産で寛文年間（1661～1672）に日本に渡来し、観賞用に広く栽培されています。カザグルマは萼片が8枚ですがテッセンは6枚です。2種とも同じように薬用にされます。

洋種カザグルマはクレマチスともよばれ、江戸時代に日本からヨーロッパに渡ったカザグルマが品種改良され逆輸入されたものです。さまざまな色、形の品種があり庭、公園などに植え込まれたり、鉢植えにされて普及しています。

ガジュツ

Curcuma zedoaria

マレーシア、インド、ヒマラヤの原産でインド、セイロン島、東インド諸島、中国南部、沖縄、奄美大島、屋久島などで古くから薬用として栽培されてきました。

インドで薬用として栽培され、それが8世紀にヨーロッパに伝えられました。日本へは享保年間（1716 ～ 1735）に導入されたとの記録があります。

容姿はウコン（前著29頁）に似て、草丈1m前後、広卵型の根茎、葉には長い柄があり、長楕円形、花期は夏で、ウコンが葉の間から花茎を出すのとは異なり、穂状花茎を根から直接出して、淡紅色の苞に包まれ薄黄色の花をつけます。多年草です。花は美しく花壇に植えても見映えがします。

薬用部分は根茎で生薬名を「莪蒁（がじゅつ）」といいます。

精油を1～1.5％含有し、セスキテルペンのクルゼレノン、ゼデロン、クルクモール、クルクメノール、クルクマジオール、クルコロン、フラノジエノン、モノテルペンのシネオール、ピネン、カンフェン、カンファーなどを含有します。

胃液分泌には作用しませんが、胆汁分泌を著しく促進、小腸内輸送を抑制します。

芳香性胃腸薬として家庭薬の原料になっています。消化不良、疝痛、などに用います。

東南アジアやインド、マダガスカルなどでは、若芽や花序を野菜や香辛料としても利用しています。

カミツレ

Matricaria chamomilla

ヨーロッパから西アジアに分布する1～2年草でカミルレともいわれます。日本へは文政元年（1818）にオランダから取り寄せたのが始まりとのことです。

草丈30～50cmで葉は2～3回羽状に深裂し、5～8月頃に直径25mm位の頭花を開きます。周辺に白い舌状花、中側に黄色い管状花を密生させます。

花を乾燥させるとリンゴに似た甘い、強い香りがあり「カミツレ花」とよばれヨーロッパでは発汗、駆虫、香料などに使用します。ヨーロッパの民間では風邪をひいた時カミツレを煎用します。

近年では日本でもカミツレ茶、入浴剤などにされ販売されています。

別属のローマカミツレ Anthemis nobilis もヨーロッパに分布する多年草で日本へは明治時代に薬用植物として導入され、今では広く各地に帰化しています。「ローマカミツレ花」とよび発汗、駆虫に同じように使用しています。

薬用部分は花で開花時に採集し、すぐ日干しにします。

精油を0.3～0.75％含有しテルペンアルコール、カマズレン、ノニル酸、カプリン酸、セスキテルペノイドなどを含んでいます。

風邪、リウマチ、下痢、鎮痙、食欲増進に用います。ヨーロッパではティーバッグにして茶剤として各家庭で風邪、頭痛、下痢に常時備えています。

リウマチ、婦人の冷え症に浴湯料としても使われ、浴湯料には茎葉も使用します。

中国でも「母菊」「欧薬菊」と称して花や全草を感冒やリウマチの疼痛に用いています。

カミツレは花床の中が空洞になっていますが、ローマカミツレは充実しています。

日当たりの良い、温暖で排水の良い所を好み、栽培し易い植物です。9月に播種すると翌年の初夏に開花します。生命力が強く、栽培に手間はかかりません。

カラスビシャク

Pinellia ternata

カラスビシャクは日本全国に広く分布する草丈20～40cmの小型の多年草です。

種子、子芋の分球、むかごと沢山の手段で増えるので根絶しにくく、除草剤のない昔は畑の雑草として嫌われていました。

3小葉の葉を地下の球茎から1～3枚出します。初夏に細い花茎を伸ばし、緑色ないし緑紫色の仏炎苞で肉穂花序（にくすいかじょ）を包みます。朝鮮半島、中国、台湾にも分布します。

薬用には夏に球茎を掘り上げ、外皮を取り去り、乾燥したものを生薬名「半夏（はんげ）」といいます。半夏とは、夏の半ば頃に花を咲かせることからの名です。

6～8月に球茎を掘り出し、塩水に入れ棒でかき回し、表皮を除いて澄んだ湧き水に一昼夜浸した後に天日乾燥します。

球茎にホモゲンチジン酸、3,4－ジハイドロキシベンズアルデヒド、エフェドリン、コリンなどを含有します。

吐き気、咳を止め、痰を切る働きがあり、ショウガを加えて煎じて服用すると、鎮静、つわり、船酔いにも効果があります。脚気、慢性胃腸カタル、慢性腎炎にも良いといいます。

半夏の粉をご飯粒で練って足の土ふまずに塗ると扁桃炎、のどの腫れ、唇の荒れに有効です。また、水で練って頭に貼ると毛が生えるといいます。

半夏には弱いながらも毒性があり、少量でも喉を刺激し、舌が腫れたりしますが、ショウガと併用すると安全だといわれています。

漢方では小半夏湯、半夏厚朴湯、半夏湯などに配されます。

別名をヘソクリといい、農家の主婦が畑仕事の雑草抜きのついでに集め、薬屋に売り、小遣い稼ぎにしたことからヘソクリの名が付いたとのことです。

和名のカラスビシャクは仏炎苞の形をカラスの柄杓にみたてての名前です。

人間が使う柄杓よりも小さいのでカラスというわけです。地方名にはカラスイト、ヘビコンニャク、ヘビノシタ、ヘソビなどがあり、また除草の悩みからのヒャクショウナカセの名もあります。

似たものにオオハンゲ P. tripartita が西南日本から奄美大島のやや湿った山地の林床に生育し、地下茎がカラスビシャクより大型です。

カラスビシャクと同様の使用をされます。

キクイモ

Helianthus tuberosus

キクイモは北アメリカ原産で日本へは文久年間(1861 ~ 1864)にイギリス経由で持ち込まれ、栽培が始まりました。茎は2mにもなり上部で分枝します。9 ~ 10月に直径7cm位のヒマワリを小さくしたような花を沢山つけます。地下茎の先がふくらんで不規則な塊茎になります。

塊茎にはイヌリンが多く含まれ、人は消化できませんが、家畜は消化できるので飼料にされます。人は消化できないということを逆手に取って肥満にならないとか、糖尿病の人に良いなどと商品化して、健康茶にしたりもしています。イヌリンが消化できずカロリーにならないので、血糖値を上げないとか、肥満につながらないといいますが、糖の吸収を抑えるともいわれます。戦中戦後には腹の足しにと栽培されました。

戦後食糧難の時代これを食べさせられ、何と情けない食べ物だと思ったのをかすかに覚えています。しかし最近になってキクイモを奈良漬けにしたのを買って食べてみたら、歯触りも良く、風味良く、美味でした。気に入っています。

イヌリンは果糖やアルコール、飴の原料にもされています。

山形地方ではキクイモの塊茎を漬けものの甘味を出すのに利用するといいます。

生命力が強く、薬草園でも繁殖しすぎて駆除するのに困るほどで、家の庭に植えても増えすぎて困り、塊茎を除いても、除いても後から成長してきます。

根元から刈り取ったキクイモの茎葉を、熱煎した液に布を入れ、草木染めの原料とすることができます。媒染剤として塩化第一錫、またはミョウバンで黄色に、硫酸鉄でオリーブ色に染められます。

似たものにイヌキクイモ H. strumosus があり、同じく北アメリカ原産です。キクイモに似ていますが8月上旬から花が咲き、塊茎は小さく紡錘形で、観賞用に栽培されています。

キハダ

Phellodendron amurense

北海道から九州、朝鮮半島、中国北部、アムール、ウスリーと広く分布し、山地に生える落葉高木で雌雄異株です。樹の丈は20mにもなり幹の外皮は淡黄褐色でコルク質、内皮は黄色。葉は対生し羽状複葉、6月に黄緑色の小さな花を円錐状につけ、実は球形で黒く熟します。

薬用部分は樹皮で生薬名は「黄柏（おうばく）」といいます。

夏の土用前後に12～13年以上になった木の樹皮を剥ぎ取り、表面のコルク層を去り、十分に日干し乾燥する。薬用には樹皮を煮出してエキスを、乾固させたものを使います。

樹皮にアルカロイドのベルベリン、パルマチン、マグノフロリン、グアニジン、苦味質のオーバクノン、リモニンなどを含有します。

胆汁分泌作用、膵液分泌作用、弱い利尿作用などがあり、ベルベリンは大腸菌、チフス菌、コレラ菌に対して殺菌性、黄色ブドウ球菌、淋菌、赤痢菌などに強い抗菌作用があります。

黄柏は漢方の処方に苦味健胃整腸剤として入れられていて、民間薬、伝統薬にも配されています。奈良県大峰山近辺で古来からの健胃薬として有名な「陀羅尼助（だらにすけ）」の主成分として使われています。信州、木曽の「百草丸（ひゃくそうがん）」も同じです。樹皮を煎じて洗眼すると眼の充血、ただれ目、結膜炎に良いといい、樹皮の粉末を水、酢で練って湿布すると打撲傷、火傷、股ずれ、リウマチ、捻挫、腰痛、ミズムシ、しらくもにも良いとされます。

樹皮を煎じて服用すれば下痢、消化不良、食欲不振、胃痙攣、胃アトニー、十二指腸潰瘍、大腸カタル、腹痛、肺炎、二日酔い、貧血、子宮出血、できものに良いといいます。

漢方では黄蓮解毒湯、黄蓮湯などに配されています。

薬としても昔から有名ですが、染料としても歴史があります。媒煎剤無しでも黄色く染められますが、ミョウバンでさらに美しく染まり、硫酸鉄を使うとまた肌合いの違う色に染まります。

繁殖は種子を播いて12～20年で収穫できるまでに成長します。挿し木も可能ですが実生の方が能率的だといいます

キバナバラモンジン

Tragopogon pratensis

ヨーロッパ、西アジア、北アフリカに分布する２年草です。

草丈50cmになり直立した茎でまばらに分枝し、葉は互生、細長く無毛、根生葉は固まってつき、ニンジンのようなまっすぐな根をしています。

６月に黄色い、直径5cm位の舌状花からなる頭花をつけます。同属のバラモンジンT. porrifoliusは青紫色をしています。

午前10時頃開花し、午後には花を閉じます。瘦果は細長く、長い冠毛をつけています。

Tragopogonの属名は「雄山羊のあごひげ」という意味だそうです。種子の冠毛の様子からの命名です。

キバナバラモンジン

バラモンジン

薬用部分は根です。

成分としてはイヌリン、タラクサステロール、果糖などを含有します。

食欲昂進、去痰に有効といいます。

根をスープなどにして食べると牡蠣の味がすることからオイスタープラントとかベジタブルオイスターなどの別名があります。

アメリカではバラモンジンの根を甘くて軟らかいということで食用にしています。日本への導入も西洋野菜としてでしょう。

双方とも花壇に植えても美しく、開花時間は短いですが、生け花としても美しい植物です。

繁殖は播種で良く、耐寒性もあり、育成は容易です。砂質土壌を好みます。

バラモンジンは漢字で「婆羅門参」と書きます。婆羅門とは僧侶の階級で祭祀の階級、つまり位の高い僧侶を意味しています。人参、つまりチョウセンニンジンと根の様子が似た形態の仲間の中でも高級な人参という意味を表しているのです。

キョウチクトウ

Nerium indicum

暖地の夏の花木としてお馴染みの高さ4m位になる常緑低木で原産地はインドであり、ヒマラヤに続く山中にもあるといいます。日本には享保9年（1724）に渡来しています。都市での炎天下にもめげず、冬にも－5℃になっても耐える丈夫な性質、また自動車の排ガスにも強く、塩害にも公害にも強く、花も美しいため、街路樹、公園、高速道路沿いなどに広く植えられています。

枝先に集散花序に花をつけ、桃色系の色が多いのですが赤、白の花もあり、8月に開花します。

キョウチクトウ属は地中海沿岸とアジアの亜熱帯にセイヨウキョウチクトウ、シロバナキョウチクトウ、ウスキキョウチクトウなど4種が知られています。花弁は5枚ですが、植栽されているものには八重咲きのものも多くあります。

根皮や根、葉、茎に強心配糖体のネリオドレインやネリオドリン、ネリアチン、アジネリン、ジギトキシゲニンなどを含有し有毒です。ジギトキシンより強い強心作用のほか催吐作用などがあり、顕著な蓄積性があり、毒性が強いため、内服には使いません。

葉、樹皮の乾燥したものの煎液を打撲の腫れ、痛みに局所を洗うと良いといいます。

筆者はかって岡山県で病院薬剤師をしていた頃、広島の植物園から「幼稚園の行事でキョウチクトウの花を埋め込んでゼリー菓子を作ってみたいと言っているがどう思うか？」と尋ねられたことがあり、有毒性を説明して止めさせたことがあります。こんな相談も薬剤師ならではの対応かと思っています。

キョウチクトウの枝で箸を作り弁当を食べ中毒を起こしたという話がある位、毒性は強いようです。

インドでは堕胎や皮膚病の治療に使われた歴史があり、打撲傷の腫れ、痛みに煎液で洗うという民間療法もあるといいます。

キランソウ

Ajuga decumbens

キランソウ属 Ajuga はユーラシアに数十種あって、日本にも 11 種があります。

キランソウは、本州、四国、九州、朝鮮半島、中国の道路傍、山際、土手などに生える多年草です。茎は地を這い四方に広がり、根生葉は放射状に広がり地面に蓋をしたようにべったり貼りついて見えるので、別名ジゴクノカマノフタ（地獄の釜の蓋）とよばれています。

葉の表面は、濃緑色で縁には荒い鋸歯があり、4 ～ 6cm の長さです。茎葉ともに、縮れた細かい毛におおわれています。3 ～ 5 月に濃い紫色の長さ 1cm 位の花をつけます。

薬用には全草が使われ、花期に全草を採取し水洗、陰干しにします。

「白毛夏枯草（はくもうかごそう）」が生薬名です。

全草にフラボノイドのルテオリン、ステロイドのシアステロン、エクジステロン、アジュガステロン C、アジュガラクトン、キランジン、ガラクタン、タンニン、フェノール性物質などを含有します。

腎臓結石、胆のう結石、腎臓病、高血圧、鎮咳、去痰、気管支炎、中耳炎、神経痛、婦人病、腫れもの、発熱、腹痛、下痢に良いといいます。

ウルシかぶれには煎汁で患部を洗うと良い、生の葉の絞り汁は膿出し、虫刺され、切り傷、やけど、あせもなどに外用します。浴湯料としてもあせも、皮膚病に効能があります。

中国では鎮咳、去痰、喘息、鼻血、喉の腫れ、小便の出にくい時などに使用しているようです。

四国や九州にはイシャダオシ、イシャゴロシ、イシャナカセなどの地方独特の呼び名があり、薬草であることをユーモラスに物語っています。

ジュウニヒトエとは同属植物で、ウツボグサ（前著 34 頁）とは同科異属です。同属のものには花が美しいものが多くあり、アジュガの名前で花屋で販売されています。

ギンバイカ

Myrtus communis

地中海沿岸、西アジアの原産で芳香のある常緑性低木です。旧約聖書にはミルトスの名で記載されていて属名もそこから来ています。ヴィーナスに捧げたり、媚薬とされたり、西洋では花嫁が結婚のとき持参し、新居に挿し木をしたりとさまざまに使われてきました。

古代から神聖な木として扱われ、栽培されています。

樹高1～3m、良く分枝し、葉は光沢のある暗緑色で対生、卵形から皮針形です。花は5～7月に開花し、直径2cm位のウメに似た5弁で純白、雄蕊は多数で黄金色、強い芳香があります。

薬用には花、葉、果実を使い、生あるいは乾燥させて使用します。精油、リンゴ酸、クエン酸、タンニン、樹脂、ビタミンCなどを含有します。

生の花、生または乾燥した葉、乾燥した果実と花芽などを収斂、防腐の薬とします。

また葉の煎じ汁を打ち身や痔疾、こしけなどに外用し、乾燥した蕾、果実は砕いてスパイスとして調理に使用します。

化粧水の香料としても用いられています。

フトモモ科の植物には155属、3600種あるといわれ、主として南半球の熱帯から温帯に分布しています。ユーカリ、フトモモ、チョウジノキ、ブラシノキ、フェイジョア、グアバ、ギョリュウバイ、ジャボチカバ、ピタンガなど観賞用、食用にされる沢山の種類があります。

日本にはフトモモ科の植物はあまり多くの種類は自生しませんがテンニンカ Rhodomyrtus tomentosa が沖縄にあり、ムニンフトモモ Metrosideros boninensis が、小笠原諸島父島に特産します。

ア
カ
サ
タ
ナ
ハ
マ
ヤ
ラ
ワ

キンミズヒキ

Agrimonia pilosa

北海道から沖縄、台湾、中国、朝鮮半島、ウスリー、インドシナ、ヒマラヤ、サハリン、千島に分布し、原野や路傍に見られる多年草です。50 ～ 150cm の茎が直立し、全株に粗毛を密生させています。葉は奇数羽状複葉、葉柄基部に托葉があり、7 ～ 8 月に枝先に総状花序に黄色の小さな花を沢山つけます。果実の萼筒には沢山のかぎ状の毛があり、山歩きの時など衣服に付着して悩まされます。このためヒッツキグサの別名があります。

薬用部分は全草で生薬名を「龍牙草（りゅうげそう）」といいます。花盛りの頃、根茎を含めた全草を取り、水洗いして細断し、日干しにします。アグリモノリド、タキシフォリン、バニリン酸、エラグ酸、フィトステロール、トリテルペン類、タンニンなどを含有します。

煎用して下痢、口内炎、止瀉、止血、利胆、強壮、淋病、こしけ、頻尿の薬にしたり、湿疹、うるしかぶれに冷湿布します。口内炎、歯茎の出血、扁桃炎には煎液でうがいをすると良いといいます。

中国ではこの属の近縁種「仙鶴草（せんかくそう）」をガンの治療に用いるといい、日本でも抗ガン作用の研究が行われたこともあります。

春先に若芽を摘んで、茹でてお浸しや和えもの、汁の実に。また天婦羅にしても美味といいます。

コラム

＊腐生植物＊

腐生植物とは葉緑体を持たずにカビやキノコの菌糸を栄養源として生きる植物のことです。ギンリョウソウ、サクライソウ、タヌキノショクダイなど被子植物だけで 10 科にまたがって 520 種もあります。本書では、オニノヤガラ（30 頁参照）、ギンリョウソウ（45 頁参照）とツチアケビ（81 頁参照）を取り上げました。

まだまだ新種の発見の可能性がある領域です。研究してみてはいかがですか。

ランの仲間やセンブリ、リンドウなども菌と共生関係がありますが、葉緑素を持ちながら共生しているので腐生植物とはいいません。

オニノヤガラとギンリョウソウはマルハナバチの群に花粉の媒介をしてもらっていて蜜を提供しているようです。これにくらべてツチアケビは自家受粉をしていて、花に袋をかけて如何なる媒介生物も近寄れなくしても確実に結実するそうです。自動自家受粉といいます。

ツチアケビの果実はヒヨドリやシロハラといった野鳥が食べて、種子の入った糞を遠くまで運び生育域を広げるのに成功しているのだそうです。

オニノヤガラ、ギンリョウソウ、ツチアケビは、ともに民間で薬用にして、強壮、強精、鎮咳にしたと牧野の『和漢薬草大図鑑』に記載されています。

ギンリョウソウ

Monotropastrum humille

ギンリョウソウはイチヤクソウ科とされたり、シャクジョウソウ科とされたりしています。共にツツジ科から平行的に進化したとみられています。さらにはツツジ科のギンリョウソウ属とする考えもあり、ここでは環境庁の植物目録に従ってイチヤクソウ科に分類しました。

光合成のための葉緑体を欠損して、枯葉や枯れ枝を分解する菌類から栄養を得ているので腐生植物とよばれる群の一つです。葉緑体を持たないので全身真っ白で、てっぺんにつく花の中央の雌蘂(めしべ)の中央、柱頭が藍色をしていて、その周りを黄色い葯(やく)がとりまいていて妖しく美しい雰囲気です。

ギンリョウソウとは「銀竜草」の意味で、別名にユウレイタケ、ユウレイバナ、地方によってはトックリ、キセルなどともよばれます。

4～8月に開花、ギンリョウソウ属はギンリョウソウ１種のみで、北海道から九州、サハリン、朝鮮半島、中国、台湾、ヒマラヤに分布します。

9～10月に開花するギンリョウソウモドキ Monotropa uniflora が別属にあり、北海道から九州、朝鮮半島、中国、ヒマラヤ、北アメリカに分布します。雌蕊の柱頭が藍色ではなく白色です。以前には同種と考えられた時もあったようです。こちらの別名にはアキノギンリョウソウ、ユウレイタケモドキがあります。

シャクジョウソウもギンリョウソウモドキと同属で学名を Monotropa hypopitys といいます。7月頃数個の薄黄色の鐘形の花を下向きにつけます。分布は日本全国、台湾、中国、朝鮮半島、南千島、カラフト、ヨーロッパ、北アメリカと広いですが、日本では希少種です。

シャクジョウとは修験者の持つ錫杖(しゃくじょう)に見立てたものです。

草丈8～20cm、根は交錯して多数に分枝し、塊状に集合。茎は単一で直立、多肉で白色で乾燥すると黒変します。押し花標本にすると生の植物とは似ても似つかぬ姿になります。

ギンリョウソウを薬用にするには、根を含めて全草を使い、開花期に採取、水洗し日干しにします。生薬名を「水晶蘭(すいしょうらん)」といいます。

全草にモノトロペン、β-シトステロール、オレアノール酸、ウルソール酸、ブドウ糖、蔗糖、果糖などを含みます。

薬効、薬理は詳細不明ですが、民間的に強壮、強精、鎮咳に使用されます。

牧野の『和漢薬草大図鑑』には記載がありますが、あまりほかの薬草の本には紹介されていないようです。

クサギ

Clerodendrum trichotomum

クサギは日本全土、朝鮮半島、中国、台湾に広く分布、山野に生える落葉低木です。

枝葉に毛が多く、葉は長柄で対生し、卵形でキリの葉に似ています。樹高 5m になることもあります。8 月頃、枝の上端に星状に開いた萼がある帯紅白色で香りのある花をつけます。

果実は扁円形で綺麗な澄み切った秋の空のような瑠璃色に熟します。葉には独特の臭気があり、アカネ科のヘクソカズラと同様な意味で和名の基になっています（臭木)。臭気があって、キリの葉に似ることから漢名を「臭梧桐（しゅうごどう）」といいます。

薬用部分は根皮で秋に採取し、生のうちに皮をはいで天日乾燥します。

根皮を煎じて服用すれば利尿、健胃、解熱、催吐剤として利用できます。

葉を乾燥、粉末にして、酢で練って貼ると足のただれ、化膿創に効くといわれています。生の葉の汁は諸種の皮膚病に効き、またウシ、ウマのシラミの駆除に有効といいます。葉を焼いて食べると寝小便に効果。葉を煎じて服用すれば淋病、脚気、痔疾に良いとのことです。

臭気があるので有名な植物ですが、若葉を茹でて水に晒したり、油で炒めたりすると臭いが抜けて食べることができ、クサギナ飯にしたり、乾燥して保存食にしたりします。お寺などで精進料理として出されることもあります。

また、集めるのが大変ですが、果実は古来より草木染めの材料として使われ、水色、青磁色に染めることができる貴重な原料です。果実の部分と、萼の部分で異なった風合いに染めることができます。

クサギ

ゲンペイクサギ

ボタンクサギ

臭いは兎も角、この仲間の植物には美しい花をつけるので観賞用に植栽されるものがあります。

ヒギリ C. japonicum は東南アジア原産で花も花冠も赤く美しく、日本の暖地で古くから栽培され、鉢植えにもされています。

ゲンペイクサギ C. thomsonae は西アフリカ原産でつる性低木、白い萼と赤い花冠が美しい植物です。白、赤の対比を源平の旗の色に見立てての名前です。

ボタンクサギ C. bungei は中国原産ですが、九州南部では野生化しています。岡山でも普通に庭に植えられていました。

クサノオウ

Chelidonium majus var.asiaticum

クサノオウは日本全国各地の日当たりの良い草地に生える越年草ないし多年草で、ユーラシア全体に分布しています。草丈30～80cm、葉は羽状複葉、表面は黄緑色、裏面は緑白色で全体に軟毛があります。散形花序で5～7月に黄色の花弁4枚の花をつけます。

Chelidonium属にはクサノオウただ1種のみがあります。ただしヤマブキソウHylomecon japonicumを同属とする見解もあるようです。

クサノオウの和名の語源は一つには「草の黄」で茎を切ると黄色い乳液を出すことからだといい、もう一つには「瘡の王(くさのおう)」で皮膚病の民間薬にされていたことによるといいます。

中国では「白屈菜(はっくつさい)」の名で咳止め、鎮痛、消炎の薬として使ったといいますが、漢方の処方には使われていません。

日本では民間で、イボ、タムシ、うおのめ、切り傷、打撲傷、毒虫の刺されに生の汁を患部に塗ります。虫にさされた時の痒みには全草を刻んでアルコールに1週間浸した液を塗ると良いといいます。

全草を煎じて服用すると胃痛、腹痛、胃潰瘍、肝疾患、黄疸、風邪、ジフテリアに良いなどといわれたこともあります。

「金色夜叉」の作家、尾崎紅葉が自身の胃癌の薬としてこれを内服したことから胃癌に効くといわれたことがありましたが、これはプロトピン、ケリドニンなどのアルカロイドによる鎮痛作用であって胃癌に効くわけではありません。

有毒ですからクサノオウの内服は厳禁です。

クスノキ

Cinnamomum camphora

クスノキは樹高25m以上、幹の直径80～150cmにもなる常緑高木で、時には樹高40m、幹の径5～8mにもなり、成長が早い樹です。特異な芳香の精油を含有するお陰で、丈夫で虫害にも強く、長命な木で大木になります。

かつては「樟脳(しょうのう)」を取るために九州、台湾で盛んに植林されました。

関東以西、韓国の済州島、台湾、中国南部、インドシナに分布しますが、自生か栽培品か分からないところがあります。樹皮は暗褐色、細かく縦裂、葉は互生し、長さ6～10cmで卵型、薄い革質、両面無毛で光沢があります。5～6月に葉腋から長い柄の円錐花序を出し、黄白色の小さな花をつけ、10～11月に直径7～8mmの球果をつけます。耐久性のある良い材が採れるので建築、家具、仏像、彫刻、細工もの、木魚、床板などに加工されます。

枝葉、根、幹から蒸留によって結晶として得られるのが樟脳で、英語でカンファー camphor といい、残った油分を樟脳油といいます。双方とも古代エジプト、ギリシャの時代から、また中国でも薬用、宗教儀式に使われてきました。後に殺虫剤、医薬品、工業原料となり明治の頃、日本、台湾の重要な輸出品として生産、販売が専売法で制限されてきましたが、今では化学合成ができるようになり、大量の合成品に変わりました。

成分としてカンファー、カンフェン、カジネン、ボルネオール、サフロール、クミンアルコール、アセトアルデヒド、シネオール、リモネン、オイゲノールなどを含みます。

カンファーは局所刺激作用、防腐作用、血管中枢、呼吸中枢を興奮させ、血圧上昇、呼吸の増加、強心作用に使用します。また軟膏、シップなど外用にして神経痛、しもやけ、打撲傷、疥癬などに使用され、うがい薬、吸入薬にも用いられます。かつては蘇生の場面でカンファーの皮下もしくは筋注を使いましたが、内服薬にはされていません。

医薬品以外にも衣服、書画の防虫に使われ、またサフロールは香料の原料にされ、葉をいぶして蚊遣りに使用されました。またプラスチックが開発される以前にはセルロイドの重要な原料でした。

クマツヅラ

Verbena officinalis

本州、四国、九州、沖縄、アジア、ヨーロッパ、北アフリカの暖帯から熱帯に広く分布し日当たりの良い所に生える多年草です。

茎は四角で草丈 50 ～ 100cm に直立して硬く、全体に細毛があります。葉は卵型で 3 裂し、対生します。縁はさらに切れ込み、不揃いな鋸歯があり、夏に枝先に 30cm の細長い穂状に集まった薄紫色の小さな花を下から順に咲かせます。

薬用部分は全草、または根で、花期に刈り取り、日干しして刻んで使います。

全草の生薬名を「馬鞭草（ばべんそう）」と、根を「馬鞭根（ばべんこん）」といいます。

全草にフラン誘導体のベルベナロールとその配糖体のベルベナリン、ベルベニン、根に 4 糖類のスタキオースを含有します。

生理困難、分娩後の胎盤剥離の促進、発汗、解熱、鎮痙、風邪、強壮、ノイローゼ、不眠、神経性頭痛などに用います。連用すると食欲不振、体重減少を来すので要注意です。

皮膚病、腫れもの、睾丸炎、女性の外陰部の炎症、むくみ、などに新鮮な生の葉の絞り汁、煎じ汁で患部を洗う、塗布、シップなどして外用します。

ヨーロッパでも古代から神聖な草としてこれで冠を作ったり、祭壇を清めるのに使ったり、万病の薬として魔術師が魔法の薬として使用したといいます。

目立たない草ですが、繁殖力は強く玉野の薬草園から飛び出して、公園の駐車場までの通路に蔓延していたのには驚かされました。

クララ

Sophora flavescens

本州、四国、九州、南西諸島、アジア、太平洋諸島、中国、シベリアに分布する大型の多年草です。

草丈 80 ～ 100cm にもなり、15 から 20cm の奇数羽状複葉をつけ、花は初夏に直立する花序に白黄色の小さな蝶形花をつけ、花の後にササゲに似た長く伸びた豆果をつけます。

クララの名は古名「眩草（くららぐさ）」からで、根を噛むと眼が眩むほど苦いことから名付けられていて、水洗、日干し乾燥した根の生薬名も「苦参（くじん）」といいます。

根が人参（チョウセンニンジン）に似た形で、味が苦いのが生薬名の由来です。

根にアルカロイドのマトリン、オキシマトリン、ソフォラノール、アナギリンメチルシチシン、フラボノイドのクラリジノール、クラリノールなどを含有します。

マトリンは中枢抑制、末梢血管収縮、利尿、下痢止め、子宮収縮、運動神経、末梢神経の抑制、皮膚真菌の発育抑制、駆虫作用、解熱作用などが報告されています。湿疹への外用もあり、漢方では「苦参湯」「三物黄芩湯」などに配されています。

しかしクララはアルカロイドの毒性が強いので民間的利用はされていません。

昔はクララの茎葉の煎汁を農業用の殺虫剤、家畜の皮膚病の予防、便所の蛆殺しなどとして使った歴史があります。

クロタネソウ

Nigella damascena

クロタネソウはヨーロッパ南部の原産で、日本には江戸時代末期に導入されました。

草丈 50 ～ 60cm で羽状複葉は糸状に細裂した小葉を互生し、5 ～ 6 月に青紫ないし、白色の直径 3cm 位の花をつけます。秋播きの 1 年草です。

球状に膨らんだ蒴果に多くの黒い種子が入っているのが名前の由来です。

結実した枝を乾燥させてドライフラワーとして飾ったり、また枕の詰め物として芳香を楽しむなどに利用されることもあります。

種子にダマセニンというアルカロイドや揮発性油のニゲルエールのほかサポニン類を含有します。嬌臭剤として使用したり、ヨーロッパの民間では香料、嬌臭剤としてのほか利尿、腸カタル、肺疾患の治療に使用されました。

アルカロイドを含有するので一般家庭での内服使用は避ける方が賢明です。

花が独特な形をしていて美しいので園芸品種も多々あります。園芸店では属名のニゲラで総称されて販売しています。

繁殖は実生が良く、直根性で、移植を嫌うため 9 ～ 10 月に直播きするのが良いでしょう。

種子が嫌光性なので、土を多めに掛けるなど暗闇状態にしておく必要があります。それ以外には栽培は非常に容易です。日当たりが良く、排水の良い所を好みます。

クロモジ

Lindera umbellata

本州、四国、九州および中国に分布する落葉低木で、樹高2～3mになり、樹皮は若いうちは緑色で黒い斑点があります。葉は枝の上部に互生し、長楕円形で長さ5～9cm。5月頃新しい葉とともに黄緑色の小さな花を葉腋から散形花序につけます。

薬用のほか高級な爪楊枝の材料としても有名です。

薬用部分は枝葉および根皮です。枝葉は8～10月に採取、陰干しに。根皮は必要時に掘り上げて水洗いした後、芯を抜いて陰干しにします。

枝葉に精油のシネオール、ゲラニオール、リナロール、ジペンテン、α-ピネン、α-フェランドレン、セスキテルペン、ネロリドール、シトロネロール、セスキテルペンアルコール、カンフェンなど、根にラウノピン、ラウロリトシンなどを含有します。

幹、枝には去痰作用があり、民間では脚気、急性胃腸炎、食欲不振に煎じて服用、止血に粉末を皮膚病、保温に浴湯剤として外用しました。

枝、葉のアルコール浸液を塗布すると抜け毛、フケに有効といいます。根皮を煎じて服用するといんきん、たむし、疥癬などの寄生性の皮膚病や湿疹に有効といいます。

また枝、葉を水蒸気蒸留して得られるクロモジ油は香水、香油として珍重されます。

クロモジのほか同属のオオバクロモジ var. membranacea、ケクロモジ L.sericea なども同様に使用されます。

ほかにもウスゲクロモジ L. sericea var. glabrata、ヒメクロモジ L. u. var. lancea、カナクギノキ L. erythrocarpa、シロモジ L. trilobum 等があり、薬木で有名なテンダイウヤク L. strychnifolia（前著93頁）も同属で、また早春の花として知られるアブラチャン L. praecox、ヤマコウバシ L. glauca、ダンコウバイ L. obtusiloba も同属です。

ゲッケイジュ

Laurus nobilis

地中海沿岸地方の原産で日本には、明治時代に導入され公園樹、記念樹として植えられている常緑高木で樹高は 10m を超します。

樹皮は若い枝では暗紅褐色で古くなると灰黒色になります。葉は革質で長さ 8cm 位、濃緑色の長楕円形、縁は波打ちます。柄は短く互生。葉に油室を持ち揉むと良い匂いがします。

雌雄異株で、4 ～ 5 月頃に 4 弁の薄黄色の小さな花が葉腋に集まって咲き、液果は秋には黒紫色に成熟します。

薬用には葉、果実を使います。そのまま、あるいは蒸留して精油「月桂油」として使用します。

果実にシネオール、ピネン、脂肪油 25%、脂肪酸としてラウリン酸、カプリン酸を含有し、葉にリナロール、オイゲノール、ゲラニオールを含みます。樹皮と樹幹にはアルカロイドのアクチノダフィン、ラウノビンを含有します。

葉をそのまま浴湯剤とすれば神経痛、冷え症に体を温めるので良いといいます。葉から得られる精油はリウマチ、疥癬などの皮膚病に塗り薬として用いられます。抗真菌作用があります。

果実を乾燥したものは「月桂実(げっけいじつ)」といい、芳香性苦味健胃薬とされます。

中国では「月桂樹エキス」をリウマチ、筋肉神経の麻痺、風邪などに外用するといいます。

乾かした葉はご存知の如く、ローレル、ベイリーフ、月桂葉などとよばれ肉料理、スープ、カレー、あるいはソースの香料、調味料として利用されます。乾燥した葉を保存しておくと好きな時に料理に使うことができて便利です。

また古代ギリシャ時代からオリンピックの勝者に「月桂冠」が与えられ、現在にも続いています。

ゴシュユ

Evodia rutaecarpa

中国原産で享保年間（1716 ～ 1736）に日本へ渡来して以来、薬用目的に各地で栽培されてきました。日本へは雌木のみが導入されています。落葉低木です。

樹高 3m になり、葉は対生、7 ～ 8 個の小葉からなる 20 ～ 30cm の奇数羽状複葉、小葉は楕円形長さ 10cm、葉の裏や葉柄に柔らかい毛があります。初夏に円錐花序に緑白色の小さな花をつけ、果実は 10 ～ 11 月頃、紫赤色に熟します。

薬用部分は果実で生薬名を「呉茱萸」といいます。夏から秋に成熟した果実を採取して日干しにします。『神農本草経』にも記載があり、古くから薬用にされています。

インドールアルカロイドのエボジアミン、デヒドロエボジアミン、ルテカルビン、ヒゲナミン、エボカルビン、シネフリン、ゴシュユ酸、精油のオシメンなどを含み、苦味成分としてリモニン、特異な香気成分のテルペンを含有します。

体の部分的な冷えによる不調を治し、下腹部、大腿部の冷えに「呉茱萸湯」。下腹部の冷えによる月経異常やしもやけに用い、「当帰四逆加呉茱萸生姜湯」などに配されています。

気分を落ち着かせ、痛みを止める作用があり、頭痛、吐き気、口内炎、歯痛、健胃、利尿、湿疹、冷え症などに用いられます。葉、枝を浴湯料としても使用され、腰痛、冷え症、婦人病、しもやけ、神経痛、リウマチに有効といいます。

中国では本種とホンゴシュユ E.r. var. officinalis も「呉茱萸」として使用しています。

ゴシュユの属は東アジア、南アジアに約 50 種があり、日本にはハマセンダン E. glauca とムニンゴシュユ E. nishimurae の 2 種が自生しています。

コショウ

Piper nigrum

東南アジア原産のつる性の常緑の木本植物です。東南アジアや南米などで栽培されています。茎は10mにも伸び、節毎に根を出して何かに巻きついていきます。葉は卵円形で濃緑色、なめらかで革質、4～10月に開花。穂状の花序に黄緑色の花をつけて、球形の果実をつけ、雌雄異株です。

薬用部分は果実で未熟な果実を日干しにしたのが黒胡椒、成熟した果実の果皮を取り去ったものを陰干ししたのが白胡椒です。辛味成分としてアルカロイドのピペリン、チャピシンなど、芳香成分としては精油でℓ-α-リモネンを含有します。

胃腸を刺激して蠕動運動を活発にし、発汗を促し、消化不良、下痢を止め、健胃の目的に使用します。薬用には一般には白胡椒を使います。

薬用としてよりも香辛料として料理に使用されることで有名でしょう。

古代より人類にとって、穀物と野菜は日常的に入手し易い食品でしたが、肉類は狩りに成功しないと入手できない食物でした。従って不猟時への備えに保存方法を考え、食べ方を考えなくてはなりませんでした。特に南方の民族においては。そこで南方に見られる香辛料の起源植物が登場します。原住民だけが利用するものだったのが、航海ができる時代になり、ヨーロッパ人に伝わり世界的にブームになっていきました。中世のヨーロッパでは金と同等の価値があり、これのために、さらに交易が盛んになり大航海時代が始まります。ポルトガル、スペインをはじめ、利権の大争奪戦が始まりました。

コショウ、チョウジ、ナツメッグなどが中心でした。そのうち栽培法などが確立し、落ち着いたのではないでしょうか。

コショウ属では中国産のナントウゴショウ P. wallichii var. hupehense、インドネシアなど東南アジア産のヒハツ P. longum、日本の関東以西、四国、九州、琉球列島、台湾、朝鮮南部産のフウトウカズラ P. kadzura、インドなど熱帯アジア、東アフリカ産のキンマ P. betle などがそれぞれ薬用にされています。

コブシ

Magnolia kobus

コブシは北海道から九州、朝鮮半島南部の山地に植生し、庭木にもされる落葉高木です。

樹高は20mにもなり、枝を折ると香気を発します。葉は互生で、3～5月に新葉の出る前に枝先に10～15cm径の白い花をつけ良い香りがします。

東北地方ではタウチザクラといわれ農家が田打ちをするシーズンに咲くという意味で、栃木県にはイモウエバナの別名がありサトイモの植え付け時期を教えるといいます。鳥取県ではコーバシといい、良い香りがすることを意味します。コブシの和名は果実、蕾の形が拳(こぶし)に似るからだといいます。

薬用部分は花蕾で生薬名は「辛夷(しんい)」といいます。開花直前の蕾を採取、風通しの良い所で十分に陰干しにします。漢方では辛夷湯(しんいとう)、辛夷清肺湯(しんいせいはいとう)などに配されています。精油にシトラール、α-ピネン、シネオールなどが含まれて、アルカロイドも少し含んでいます。

興奮の発散、降圧、抗菌作用があり、鎮静、頭痛、骨折の痛み、歯痛、鼻炎、鼻閉、蓄膿症、高血圧の予防、解熱、鎮咳などに使います。

中国での辛夷にはハクモクレン M. heptapeta、シモクレン M. quinquepeta ほかを使っているようです。

仲間のシデコブシ M. tomentosa は岐阜県、愛知県、長野県の日当たりの良い湿地に生え、タムシバ M. salicifolia は本州、四国、九州の山地に、またオオヤマレンゲ M. sieboldii も深山で稀に見られ、いずれも美しく、花の香りが良く公園、庭などにも植えられています。

サジオモダカ

Alisma plantago-aquatica

北海道、本州北部、およびサハリン、東シベリア、朝鮮半島、中国東北部、モンゴルに分布し、沼地や浅い水中に生える多年草です。

根茎は短く、ひげ根を叢生し、葉は5～7cmの卵型で匙の形をしていて長い柄を持ち、8～9月に50～70cmの花茎の上に輪生する総状花序に多数の白い花をつけます。

薬用部分は塊茎で、生薬名を「沢瀉（たくしゃ）」といい、11月に掘り上げて水洗、ひげ根を取り、外皮を除いて、大きいものは縦割りにして、日干しにします。

根茎にトリテルペノイドのアリソールA、B、Cおよび、それらのモノアセテートのほか、レシチン、コリン、アミノ酸、多量の澱粉などを含有します。

沢瀉のエキスは尿毒症の改善、利尿、止渇、駆水、脂肪肝の抑制の作用があり、尿利減少、めまい、口渇、胃内停水、脚気や腎臓病の水腫、糖尿、胃カタルなどに用いられています。

アリソールAモノアセテートには血中コレステロールの低下作用が報告されています。

漢方では茯苓沢瀉湯（ぶくりょうたくしゃとう）、五苓散（ごれいさん）、沢瀉湯、猪苓湯（ちょれいとう）などに配されています。

オモダカ科には11属、約100種がありオモダカ Sagittaria trifolia や食用にするために塊茎が大きくなるよう改良されたクワイ S. t. var. edulis などになじみがあります。

サジオモダカの属は北半球に9種が分布します。

エキノドルス属というのがオモダカ科の中で最も多く45種があり、水槽用の観賞植物として世界に広がっていて、日本にも10種以上が導入されています。

ザゼンソウ

Symplocarpus foetidus forma latissimus

北海道から本州の日本海側、朝鮮半島、サハリン、アムール、ウスリー地方に分布しています。湿地に植生する多年草で草丈30～50cm。根茎から葉を叢生し4月に葉に先立って暗紫褐色の仏炎苞に包まれた花を咲かせ、その姿が座禅をしている僧に似ているということから名づけられました。悪臭があることでも有名です。

薬用には根茎を使います。精油などを含有しています。催吐、利尿作用がありますが、サトイモ科には作用の強いものが多いので使用は控えた方が良いものが沢山あります。

北アメリカにアメリカザゼンソウ S. foetidus forma foetidus があり、潰すと悪臭を発することからスカンクキャベッジともよばれて民間薬として使われ、アメリカ薬局方にも記載された時代があり、去痰、利尿、鎮痛、催吐の薬とし、また喘息、気管支炎、百日咳の薬にし、また生の葉を傷薬として使ったといいます。

サトイモ科は熱帯に多く分布しています。ザゼンソウとは属が異なりますが、ミズバショウ Lysichiton camtschatcense とこの2種は北半球の寒冷な地域にまで進出しています。ミズバショウも花や根茎に異臭があり、同じくスカンクキャベッジとよばれ、便秘、発汗、急性腎炎、痔などの薬にされました。

ザゼンソウは玉野の薬草園でも植栽していますが、暖地にも拘わらず何年も丈夫に残って開花もしています。岡山県で最も南のザゼンソウと秘かに思っています。

コラム

＊ガマの油＊

「さあさ、お立会い、御用とお急ぎでない方は」のガマの油は実際に使った人は、もうあまりいないと思いますが、名前を聞いたことのある人は多いでしょう。家康が江戸城に移った時、鬼門に当たる筑波山に祈願所を作り、そこの光誉という僧が従軍した時、持参の膏薬で大勢の傷を負った兵を治療しました。その膏薬を香具師があの有名な口上で全国に売り歩き一世を風靡しました。改正薬事法以降、縁日での薬売りの姿は見られなくなっています。

ガマの油とはガマの目の上の膨らんだ所から出る白い汁、蟾酥(せんそ)です。止血能力がある塩酸エピレナミン、コカインの90倍の局所麻酔力があるブファリン、強心作用があるブホタリンなどを含有しています。実際にセンソを使ったという証拠はありませんが、使ったとすれば「ピタリと痛み、出血を止めた」としても不思議ではありません。現在筑波山地区で土産として売っている「ガマの油」（陣中膏）にはセンソが入っているものはもうありません。新しいものには塩酸エピレナミンが配合されているので止血には効くでしょう。

サルトリイバラ

Smilax china

サルトリイバラ科には熱帯から温帯にかけて10属、400～500種があります。

ユリ科に含める見解もあり私の持っている牧野の『薬用植物図鑑』、環境庁の「植物目録」ではユリ科になっています。

サルトリイバラはつる性の半低木で茎に鋭い棘があり、名のいわれは棘が鋭く、茎が丈夫で猿がこれに引っかかったら逃げられなくなるということからの名です。

葉は互生で円形ないし楕円形で、革質で光沢があり、雌雄異株。春から初夏に葉腋に黄緑色の小さな花を散形花序につけ、果実は紅色で球形です。

日本全域からユーラシア大陸東部、フィリピンに分布し、地方的な変異が見られます。

若芽はお浸しにして食べたり、葉は餅などの食べ物を包むのにも使用します。お茶の代用にしたり、タバコの葉に混ぜて使ったりもしました。

実が赤く熟し、冬に乾燥した状態のものをドライフラワー的に生け花など観賞用に利用し、リースなどにもされます。

薬用部分は根茎で、秋に掘り上げ水洗し、細断し日干しにします。

スミラックスサポニンA、B、C、スミラシン、タンニン、樹脂、澱粉などを含有します。

解毒、消炎、利尿、発汗、清熱、止瀉、清血に有効として、梅毒の要薬ともされていました。

腫れもの、できもの、にきび、慢性皮膚疾患、梅毒性皮膚疾患、水銀中毒皮膚炎、尿道炎、尿毒症、腎臓病、頻尿、夜尿症、関節炎、リウマチなどに応用されました。

中国原産のケナシサルトリイバラ Smilax grabra を生薬名「山帰来」とか「土茯苓」といって薬用にされていたのが原点です。中国での薬用目的もおおむね同様ですが、中国では胃癌、食道癌、直腸癌、乳腺癌、子宮頸癌、鼻咽の癌、咽頭癌にも用いるといいます。

区別してサルトリイバラを「和山帰来」とよぶこともあります。

サルトリイバラを「山帰来」とよぶこともありますが、一応中国のものとは別種です。

ア
カ
サ
タ
ナ
ハ
マ
ヤ
ラ
ワ

サワギキョウ

Lobelia sessilifolia

サワギキョウの仲間は花冠が左右対称であるとか雄蕊が合着することで他のキキョウ科と区別して、ミゾカクシ亜科としてみたり、ミゾカクシ科として独立させる考えもあります。

サワギキョウは秋の湿地の美しい花で、沢に生えるキキョウという意味の名前です。

サワギキョウは北海道から九州、千島、サハリン、台湾、朝鮮半島、中国、アムール、シベリアの山間の湿地、水辺に群生する多年草。草丈 50 ～ 100cm、根茎は太く、短く、横臥し、茎は直立円柱形、葉は互生、花期は８～９月、総状花序に紫色の唇形花を多数つけます。花が美しいので観賞用に植えられることも多いと思います。

薬用部分は全草です。

成分は全草に有毒アルカロイドのロベリン、メリシン酸、ウルソール酸、ノナコサン、セッシリフォランを含有します。ロベリンはカエルの摘出心臓に少量で亢進の後、抑制、大量で運動停止させます。延髄の催吐中枢、呼吸中枢に少量で呼吸興奮、嘔吐、下痢、虚脱を起こし大量で痙攣、呼吸麻痺、心臓麻痺を起こします。

抽出精製したロベリンを呼吸中枢興奮薬として麻酔による呼吸麻痺に緊急薬として使った時代もありましたが、毒性が強いので今は使われていません。

中国では気管支炎の治療、鎮咳、去痰、抗炎症などに使用したといいます。

日本にも北海道から九州、沖縄、朝鮮半島、中国、台湾にも分布する同属のミゾカクシ L. chinensis も薬用にされ、住血吸虫による肝硬変の腹水、化膿や腫れものの痛み、利尿に利用されました。中国でも「半辺蓮（はんぺんれん）」とよんで解熱、利尿などに用います。

別名をアゼムシロともよばれる田んぼの畦に生える可愛い草です。

北米原産で鑑賞用にも植えられ、日本でも一部帰化している、ロベリアソウ L. inflata もロベリンを含有し薬用にされた歴史があります。

日本には奄美、久米島にマルバハタケムシロ L. loochoensis、沖縄にタチミゾカクシ L. hancei、小笠原固有のオオハマギキョウ L. boninensis などが同属として分布しています。

シオン

Aster tataricus

草丈 2m にもなる野生の多年草のキクです。平安時代から花が美しいことから観賞用、切り花用に栽培されていましたが、もともとは根を煎じて咳止めや去痰薬とするために朝鮮半島か中国から古い時代に導入されたもののようです。

茎は直立し、上方で分枝する。葉には粗毛がありザラザラしています。

8 ～ 10 月に茎頂で分枝して青紫色の頭花を散房状につけて、根茎は短くやや肥厚し主根があり多くの支根、細根があります。

「紫苑」と書き、今の中国でもこの字を当てていますが『神農本草経』などでの「紫苑」はシソ科の別の植物だそうです。

中国地方、九州の高原に稀に野生していますが、朝鮮半島、中国の北部、東北部、モンゴル、シベリアなどに普通に分布していて、アメリカに帰化しています。

薬用部分は根と根茎。10 ～ 11 月に掘り上げ、細根をほぐすようにして水洗いし、日干しにします。

根にシオンサポニン、シオノン、フリーデリン、エピフリーデリノール、クエルセチン、精油成分のラタノフィロール、アネトールなどを含有します。

試験管内で大腸菌、変形菌、チフス菌、パラチフス菌、緑膿菌、コレラ菌などを抑制する力があります。

各種の咳、去痰、喘息、血痰、利尿、のぼせなどに用いられます。粉末にして服用すれば、産後の出血が止まらないものに有効といいます。

漢方では「紫苑散」「杏蘇散（こうそさん）」「黄耆別甲湯（おうぎべっこうとう）」などに配されています。

シキミ

Illicium anisatum

シキミは仏前で焚くお香や線香に加工されたり、仏前に供えたり、お墓に植えたりするので仏教めいた印象がついて回りますが、意外と花も美しく街路樹にされたりもしています。

別名にもシキビ、コーノキ（香の木）、ホトケバナ、ハナギなど仏教に関連するものが沢山あります。

『源氏物語』や、『万葉集』にも登場し、日本で古来より親しまれてきた常緑高木で、樹高2～5m、枝を切ると香気があります。

本州、四国、九州、沖縄、韓国の済州島、台湾、中国の低山に分布します。

革質のなめらかで光沢のある葉は長さ4～10cm、3～4月に直径3cm位の淡黄色の多弁の花を咲かせ、果実は袋果で扁平な星形、秋に熟して裂開します。

果実には有毒成分があり、和名の意味は「悪しき実」だといわれますが、ほかにもいろいろ語源があるようです。属名のillicioとは誘惑するという意味で、シキミ属の植物が芳香を放つことからで、種小名のanisatumはウイキョウ油のようなという意味です。

仲間に沖縄にはオキナワシキミ I. a. var. masa-ogatae、石垣島、西表島、台湾にはヤエヤマシキミ I. tashiroi などが日本に植生しています。

中国の雲南省、広西省からベトナム北部にトウシキミ I. verum があり、八角茴香（はっかくういきょう）とか大茴香（だいういきょう）ともいわれています。精油にアネトール、メチルカビコール、アニスアルデヒド、アニシルラクトン、α-ピネン、リモネン、サフロールなどをを含有し、駆風、健胃、香料にしていました。近年ではインフルエンザの薬、タミフルの原材料として脚光をあび、流行期になると重用されています。

また中華料理の香辛料、歯磨きの香料としても活躍しています。

シキミとトウシキミは良く似ていますが、シキミは有毒です。子供がトウシキミと誤食して集団中毒したこと、実をシイノミと間違えて菓子にして集団中毒を起こしたこと、シンガポールでは八角の実と間違えてカレーを作り、陸軍の兵士が集団中毒した事件などもあり、注意が必要です。

シソ

Perilla frutescens var.acuta

シソは中国中南部の原産で古くから食用、薬用に栽培されていました。日本にも古くから渡来し、縄文時代の貝塚から種子が見つかっていますし、「延喜式」にも蘇子（いぬえのみ）の名で記載されているとのことです。

赤シソ系と青シソ系があり、赤の「紫蘇」と青の「蘇」と別表記されます。

貝原益軒の『大和本草』によって薬用には赤シソが賞用され、気うつ、精神不安定、風邪、魚肉の中毒などに用いられてきました。

草丈30～50cm、4角の茎は直立し、多数に分裂し、葉は対生、広卵型から長卵形で尖頭、7～8月に総状の花穂を出し、小さな唇形の淡紅紫色の花をつけます。

薬用部分は葉と種子で、葉は6～9月に採取、半日日干しして後、風通しの良い所で陰干しする。種子は10月頃果実を採んで採集し陰干しにします。

葉にペリラアルデヒド、α-ピネン、ℓ-リモネン、ペリラケトン、ジラピオール、ミリスチンなど種子にペリラアルデヒド、d-リモネン、β-ピネン、ステアリン酸、オレイン酸など、リノレイン酸などを含有します。生薬名で葉を「紫蘇葉（しそよう）」、種子を「紫蘇子（しそし）」といいます。

解熱、抗菌、防腐、解毒などの作用があり紫蘇葉、紫蘇子ともに発汗、解熱、鎮咳、鎮痛の薬として気管支炎、風邪に用いられ、種子は魚中毒の解毒剤として用いられました。

赤シソだけでなく、青ジソ、チリメンジソなども同様に使えるようです。

近縁の、同属、変種にエゴマ Perilla frutescens var.japonica があり、味、臭いが悪いのですが、乾性油なので防水性を持たせる塗料として、桐油紙、雨合羽、雨傘などに利用されていました。京都などでは「しば漬け」に使う大切な紫蘇と交配すると、紫蘇の香気が損なわれると嫌われていましたが、最近健康ブームにのって健康食品として活躍しているようです。

3月下旬から4月上旬に日当たりの良い肥沃で排水の良い所へ直播すると簡単に栽培できます。我が家の猫の額の畑でもこぼれ種で結構繁殖しています。完熟少し前位の穂から実をはずし昆布、酒、醤油、味醂、砂糖などと煮て佃煮にすると、香り、食感、味がよく日持ちもするので、便利な一品になり、利用しています。

梅干しの着色、着香料としても昔から使用されてきました。

ア
カ
サ
タ
ナ
ハ
マ
ヤ
ラ
ワ

シナアブラギリ

Aleurites fordii

玉野の薬草園に開園当初から植栽している植物のうち、シナアブラギリが最も成長が早く、大きな樹になっています。5、6月頃になると白い花を沢山つけ、結構目立つ存在になっているのです。

落葉の喬木で雌雄同株、または異株で幹は太く、葉はキリの葉に似て大きく、心形、卵円形、時に2、3片に分裂、互生、枝先で輪生し長さ5～8cmになります。大型の円錐花序に5弁の白い直径2～3cm位の花をつけて、美しさが際立ちます。

秋になると扁球形の直径1cm以上の3個の種子を入れた果実ができ、これも目をひきます。

アブラギリ A. cordata、カントンアブラギリ A. montana と共に中国大陸が原産地です。

共に種子から採れる乾性油を桐油（きりあぶら）とよんで、昔は油紙、和傘や雨合羽の防水に使用したり、ペンキ、ニス、印刷インクの溶剤に利用しました。

また、この油には殺虫効果があるので、水田の害虫、ウンカの駆除にも使いました。

江戸時代に日本に導入され、もっぱら採油原料として栽培されてきましたが、今では利用が無く観賞用に植えられているか、野生化した株が残っているに過ぎません。

薬としては皮膚病、火傷、通経などに使用されたことがありますが、有毒です。鼻咽頭癌を誘発する物質がシナアブラギリから発見されたということです。

アブラギリの属は中国大陸南部から東南アジア、太平洋諸島西部に5種類が分布しています。

シャクナゲ

Rhododendron spp

日本産のシャクナゲで最も高地に植生するのは　キバナシャクナゲ R. aureum で、北海道、本州中部の高山帯、朝鮮半島北部、カラフト、シベリアなどに分布し、ついで北海道、本州中部以北、四国の一部の高山帯にハクサンシャクナゲ R. brachycarpum があり、ツクシシャクナゲ R. metternichi が九州、四国、本州西南部に野生します。変種としてホンシャクナゲ R. degronianum. var. honndoense があります。また長野県の浅間山より東部と本州北部にアズマシャクナゲ R. d. var. pentamerum、屋久島にヤクシマシャクナゲ R. d. var. yakusimanum があります。最も低山帯にあるのが静岡県、愛知県でみられるエンシュウシャクナゲ R. makinoi と沖縄県の石垣島や西表島に見られるセイシカ R. latoucheae です。

シャクナゲは常緑性で花が枝の先端につき、厚い葉がその下につきます。世界に 500 種以上あり、ヒマラヤ、中国の雲南省、四川省が宝庫です。

薬用には葉を用い、生薬名を「石南葉（せきなんよう）」といいます。

話はややこしいですが、中国では、「石南葉」はバラ科のオオカナメモチを指して全く別物です。

シャクナゲの葉にはジテルペン化合物のグラヤノトキシンⅠ、ロドデンドリン、ウリソール酸、オレアノール酸などを含みます。

利尿剤、リウマチ、痛風、喘息、糖尿病、心臓病、脚気、高血圧、中風などに用いるとありますが、これは中国の「石南葉」オオカナメモチのことではないかと考えられています。

日本でいうシャクナゲに含まれるグラヤノトキシンⅠは痙攣を起こし、悪心、嘔吐、麻痺、呼吸困難などを起こすので素人療法では絶対に使用しないことが肝腎です。

漢方では石南湯（せきなんとう）、石南散（せきなんさん）などに配されています。

筆者は以前、どこかでシャクナゲの花を煎餅に貼り付け加工した土産を売っているのを見かけたことがありますが、少量の摂取ならば良いということなのか、花は大丈夫なのか、知らずに売っているのか分かりませんでした。

ほかにも健康飲料に加工したりして売っていることもあるようですが如何なものでしょう。

ジャノヒゲ

Ophiopogon japonicus

ジャノヒゲ属には世界に54種あり、東アジアからヒマラヤ、インドにかけて分布します。日本にはジャノヒゲのほかに葉の長さ、幅の大きいオオバジャノヒゲ O. Planiscaps と、さらに大型のノシラン O. jaburan があり、変種にナガバジャノヒゲ O. j. var. umbrosus があります。

常緑の多年草で太くて短い根茎で、ひげ根は細長く、ところどころ膨大しています。

葉は線形で多数叢生します。8月頃、暗い林の中で薄紫色の花をつけ、後に青藍色ないし緑黒色の美しい実をつけます。ユリ科の中では子房上位ではなく子房半下位で、変わっています。

薬用には根の膨大した部分を5～6月頃に掘り上げ、水洗いして乾燥します。

成分はグルコース、フルクトース、サッカロースなどの糖類、β-シトステロールのほかステロイドサポニンのオフィオポゴニン A、D、デルトニン、ホモイソフラボンのオフィオポゴナノン A、オフィオポゴノン A などを含有します。

生薬名を「麦門冬（ばくもんどう）」といいます。

滋養、強壮、鎮咳、去痰、解熱、利尿、催乳に働き、風邪、喘息、百日咳、気管支カタル、声嗄れ、嘔吐、心臓病、リウマチに使います。

煎液で湿布すると火傷に良いといい、果実をつぶし、蜂蜜を加えて煎じて飲むと暑気あたり、吐血に良いといいます。

漢方では麦門冬湯（ばくもんどうとう）、清心蓮子飲（せいしんれんしいん）などに配されています。

漢名でジャノヒゲを小葉麦門冬、オオバジャノヒゲを大葉麦門冬と分けていますが、使用法は同じようです。

栽培は日蔭でも良いのですが、日なたで肥料を多くすると根茎を太く育てることができます。

秋に青く実る果実は壁に投げつけるとゴムボールのようにはずむので、ハズミダマの名があり、また葉の細長い様子からリュウノヒゲの別名もあります。

根を良く張り、土崩れを防ぐので庭園の土手に、その目的で植えられることもあります。

シュウカイドウ

Begonia grandis

シュウカイドウ科には3属1200種があります。最大の属はBegonia属で花、葉に変化が多くシュウカイドウのほかにも多数の鑑賞用植物があります。

日本で一般的なシュウカイドウは、中国の長江以南、山東省、河北省の原産で、寛永18年(1641)に長崎へ導入されました。

「秋海棠(しゅうかいどう)」の名は、バラ科のカイドウに似た花が秋に咲くことからつけられたといいます。庭に植えたり、各地で栽培される日蔭の湿地を好む多年草です。

草丈50～60cm、茎は直立し、先で分枝し軟らかく、地下に塊茎を作ります。雌雄同株で、秋に枝の先に紅色の花を開かせます。

薬用部分は花または全草を使います。

全草に蓚酸、サポニンのベゴニンを含有します。開花期には全草の1%の蓚酸を含有し、根にもベゴニンを含有します。

民間で健胃、腫れ、喉の痛み止めに煎用、打撲傷、できものには、つぶした汁を外用にしました。

蓚酸を含むので、大量に内服すると胃腸炎、疝痛、下痢、腎炎、痙攣、虚脱などを起こします。

以前は子供が好んで食べたりしたこともありましたが、多食すると中毒を起こします。

日本原産のこの属の植物としては石垣島、西表島にコウトウシュウカイドウ B. fenicis とマルヤマシュウカイドウ B. laciniata var. formosana があります。

シュウカイドウ属の園芸品は「ベゴニア」と総称され、大半は草本ですが半低木のものや、1年草のものから多年草まで種々あります。花、葉に変化が多く各所で愛培されています。

シロバナムシヨケギク

Chrysanthemum cinerariaefolium

ヨーロッパのバルカン半島原産の岩石の多い草原に自生し、薬用に各地で栽培されている多年草です。日本へは明治初期 1887 年に導入され広く栽培されました。

草丈 30 ～ 60cm、根生葉は叢生し、白い細毛を密生し、柄は長く茎葉は互生、2 ～ 3 回、羽状深裂し、花は 6 ～ 8 月に 30 ～ 60cm の花茎を多数分枝して出し、黄色の管状花と白色の舌状花からなる直径 3cm 位の頭花をつけます。

薬用部分は頭花で「除虫菊」といいます。シロバナムシヨケギクよりジョチュウギクの名の方が通りが良いようです。

ピレスリンⅠ、Ⅱ、シネリンⅠ、Ⅱ、ピレスリン酸、ヤスモリンⅠ、Ⅱ、β - シクロピレスロシンなどを含有します。

哺乳類にはほとんど毒性を示しませんが、昆虫、両棲類、爬虫類に強い麻痺、接触性の毒性を持ち、即効性があり、残留性もないものです。人畜にほとんど無害な殺虫剤ということです。

このため、粉末を殺虫剤として蚤取粉、蚊取り線香、農業用殺虫剤として利用しました。

蚊取り線香は花の乾燥粉末にタブノキの葉の粉末、木粉などを加えてマラカイトグリーンで染めて練り圧延して、渦巻き状に加工し乾燥させたものです。

戦前は瀬戸内海の島々で生産され、最盛期の開花期には島々が白く見える程だったといいます。世界市場を独占し、輸出農産物の花形になっていましたが、アフリカのケニア、コンゴなどでの生産が盛んになったこと、ピレスリンの合成品ができるようになったことなどで栽培は減少の一途をたどりました。今では栽培面積も減ってしまい、篤志農家の手によって技術保存、系統保持のために細々と栽培されているにすぎません。

アカバナムシヨケギク P. coccineum はシロバナムシヨケギクより古くから殺虫剤として使われていましたが、ピレトリンの含量が少なく近年では、もっぱら鑑賞用に栽培されているのみになっています。

写真は東京都薬用植物園で撮影したものです。

ジロボウエンゴサク

Corydalis decumbens

関東以西の本州、四国、九州、中国、台湾に分布する小型で繊細な無毛の多年草です。

塊茎の先端から根出葉を少数つけ、2～3回3出複葉、長い柄があり、花茎を1球から数本出し、4～5月に紅紫色ないし青紫色の筒型の花をつけます。

薬用には根茎または全草を使います。

春～初夏に採取し、日干しにするか、または生で用います。

塊茎にデタンベニン、コルルミジン、テトラヒドロパルマチン、ビククリン、ブルボカプニン、プロトピン、パルマチン、ベルベリン、ヤテオリジン、アドルミジン、α-アロクリプトピンなどのアルカロイドを含有します。

鎮静、催眠の作用があり、また降圧、止痛、鎮痙、血流改善などの効果があります。高血圧、リウマチ、脳栓塞や小児麻痺の後遺症などに使用されます。

中国原産のエンゴサク C. yanhusuo のほか C. bulbosa、C. ternata などが「延胡索（えんごさく）」の起源植物です。日本ではこれの代用としてジロボウエンゴサクが様々な漢方薬に配合されています。

Corydalis はヨーロッパ、アフリカ、アジア、北米などの世界の温帯に200種が分布し、特に中国の内陸部に多くの種類が分布しています。

日本にはエゾエンゴサク C. ambigua、ヤマエンゴサク C. lineariloba、ヒメエンゴサク C. capillaris、キンキエンゴサク C. papilligera、ミチノクエンゴサク C. capillipes、ミヤマキケマン C. hondoensis、ムラサキケマン C. incisa、キケマン C. heterocarpa var. japonica など20種が分布しています。

雪解けの時期に顔を出し、あわただしく花を咲かせ種子をつけ、周りの草が伸びる頃には姿を消し、休眠しています。早春のほんの一時の花ですが美しいものが多く観賞用に植えられることもあります。

スイセン

Narcissus tazetta var.chinensis

これは、ニホンズイセンともいわれ、中国の福建、江蘇、貴州、四川の各省に分布し、日本では関東以西の暖地の海岸に自生します。また庭園などに観賞用に植栽される多年草です。

卵形の黒い鱗茎に長さ 20 ～ 40cm の細長い葉を根生させます。花は 1 ～ 4 月に 20 ～ 40cm の花茎を直立させて、黄色の副冠をもった白色の花が数個咲き、良い香りがあります。

初夏から秋または冬まで休眠します。

スイセン属はヨーロッパ西部、南部、アフリカ北部と地中海地域に 50 ～ 60 種が分布しています。多くの品種とともに園芸品種も多数作られています。

属名のナルキッススはギリシャ神話に出てくる美少年の名にちなむといいます。水に映った自分の姿に恋い焦がれて死んでしまい、神が憐れんで 1 本のスイセンに変えたといいます。自己陶酔する人をナルシストといいますが、その語源もここからきています。

薬用部分は鱗茎です。

鱗茎にプソイドリコリン、リコリン、タゼテインなどを含みますが、有毒で誤って食べると嘔吐、腹痛、頻脈、痙攣、麻痺を起こし死に至ります。

薬用には生の鱗茎を金属製ではないおろし器ですりおろし小麦粉などと練り合わせて消腫薬を作ります。これを患部に塗布、シップとして用い、腫れもの、打ち身、捻挫、火傷、乳腺炎、肩こり、シラクモ、膿の吸い出しなどに使いました。皮膚の弱い人はかぶれ、ただれを起こすこともあるようです。危険なので決して内服してはいけません。

スイセンは美しい花のため、気軽にどこでも植えられていて、半野生化すらしていますが葉がニラと似ていたり、球根がタマネギ、エシャロットなどと似ていることから誤食、中毒事件が報告されています。

学校の調理実習での事故、道の駅でのニラの商品にスイセンの葉が混入していて、それを食べての事故など沢山起きています。野菜の傍にスイセンを植えないように気をつけましょう。

ススキ

Miscanthus sinensis

御存じの秋の七草の一つで十五夜のお月見にも欠かせません。オバナ（尾花）ともよばれ、原野、路傍で普通に見られます、大型の多年草で日本各地、台湾、朝鮮半島、中国に分布しています。茎葉を屋根葺きの材料としても使われてきました。草丈1～2mにもなり、しばしば大群となってあたり一面を覆います。茎の頂に大きな花穂をつけ風になびきます。

ススキ属 Miscanthus はアジア、オーストラリア、アフリカに25種あるといいます。日本にはハチジョウススキ M. condensatus、トキワススキ M. floridulus、オギ M. sacchariflorus、染色に用いられるカリヤス M. tinctorius などがあります。

ススキは薬草としてはあまり有名ではありませんが、根茎を利尿薬として使った歴史があります。春、葉が出る前に根茎を掘り上げ、水洗い、日干ししたものを煎じて用います。

また草木染めにも利用されます。花穂の出る前、または出かかりのときに全草を刈り取り、煎出液で染めますが、アルミ媒染で黄色、銅媒染で薄灰緑色、鉄媒染で緑がかった鼠色に仕上がるそうです。草木染めにはカリヤス M. tinctorius も使用され有名です。カリヤスの名は、こうした利用の時、葉の辺縁が柔らかくて、ススキのように手を傷つけることがないので、「刈り易い」ということでついた名前だといいます。

コラム

＊外来生物の上陸＊

88～89頁に外来蝶のアカボシゴマダラの話を書きましたが、昨今外来生物の侵入が何かと話題をよんでいてセアカゴケグモ、ヒアリのニュースが恐怖を巻き起こしました。

動物の世界でも沖縄地方のマングース、全国的にはアライグマ、ペットからの逸脱によるミドリガメ、カミツキガメ、魚類ではタイリクバラタナゴ、ブラックバス、ピラニア、アリゲーターガー、アロアナなどの侵入、昆虫でも外国産のクワガタ、ツマアカスズメバチなどが日本本来の自然を荒らしています。

植物の世界でも、この本の監修者の一人、山下敏夫氏は神奈川県の植物フローラの調査をしておられますが、驚くほど多種類の外来植物がはびこっていると言います。これも日本本来の在来種を駆逐、交配によるＤＮＡの混乱を起こしています。

こうして定着した外来種を人為的に除去するのは膨大なエネルギー、人員、経費がかかり成功する確率も高くありません。市民レベルで外来生物の日本での蔓延を防ぐ手立ては、飼育していたものをまず逃がさない、植物でも濫(みだ)りに逸出させないことから始まります。

これら外来生物の問題は人間のエゴから発生しています。外来生物に罪はありません。またこれを生かすも殺すもまた人間のエゴです。

スノードロップ

Galanthus nivalis

スノードロップはヒガンバナ科に属しますが、クロンキストン体系では、ヒガンバナ科をユリ科に含めています。またネギやアガパンサスをヒガンバナ科に含める学者がいたり、キンバイザサ科もヒガンバナ科に含めたりと、分類学上の位置、類縁関係がユリ科については、まだ再検討すべき点が多々あるとのことです。ここではヒガンバナ科としました。

最近認知症の研究が進み、アルツハイマー型認知症の治療にも新薬が登場しつつあります。その内の一つにアセチルコリンエステラーゼ阻害薬としてのガランタミン製剤があります。

アセチルコリンエステラーゼを阻害することで、脳内のアセチルコリン濃度を上昇させるアルツハイマー型認知症において低下しているコリン機能を賦活させ、認知症の進行を抑える効果があります。

ガランタミン製剤は米、仏、英、独を含む世界 73 カ国で承認を受けています。

ユリ目の中でアルカロイドを含有する植物にはユリ科のイヌサフラン属、サバジラ属、シュロソウ属とヒガンバナ科にも含まれます。

スノードロップはユキノハナとかスイス産マツユキソウといわれ、ガランサス属に含まれています。ヨーロッパでは、天国からアダムとイブが追い出された時、地上には雪が降っていて冷たくつらい彼らを天使が慰め、もうすぐ春になることを教え、その手で雪に触れたところスノードロップの花に変わったといいます。

ガランサス属には 18 種があり、ヨーロッパ西部からカフカス山脈とイランにかけて分布しています。

ガランタミンは有毒なアルカロイドですが、往年小児麻痺の後遺症の治療薬として検討されたこともあり、またガランタミン生成の遺伝子を取り出し栽培植物に導入してアブラムシを寄せ付けなくする農業の研究なども行われました。

近年になってアルツハイマー型認知症の薬として登場しています。認知症の薬の起源としてはG. woronowiが使われているらしく、日本のメーカーではマツユキソウとよんでいます。

園芸用にはG. nivalisが最も多く栽培されています。

G. platyphyllusはカフカス山脈の2,600 mの高地に、G. woronowiiもカフカス山脈に、G. peshmeniihaはエーゲ海沿岸東部に分布しています。よく似た植物にスノーフレークとよばれるヒガンバナ科の別属のレウコユム属があり、一般的に栽培されているのはLeucojum aestivumです。

センダイハギ

Thermopsis lupinoides

北海道、本州の茨城、富山以北、朝鮮半島、中国東北部、ロシア極東地方、北アメリカ北部の海岸の砂地に自生する多年草です。

茎高は40～100cmで、太い丈夫な地下茎があります。葉は3小葉で卵型～倒卵型で長さ5～8.5cm、葉柄の基部に大きな托葉があります。5～8月に開花し、2～2.5cmの黄色い花を総状花序につけます。花が美しく和名は歌舞伎の「伽羅先代萩（めいぼくせんだいはぎ）」からの名づけといいます。

根が深く群生するので、土砂の流出防止に役立ちます。

マメ科の中では特定のアルカロイドを含有することでムラサキセンダイハギ属のクララやルピナスの仲間と近縁と考えられていて、マメ科の中の原始的な群とされています。

センダイハギ属は世界に23種ありヒマラヤ、中国、シベリア、北アメリカに分布し、日本にはセンダイハギとクソエンドウ T. chinensis が自生しています。

ムラサキセンダイハギ属はアメリカ東部、南東部に17種が分布します。

センダイハギは薬用にされていないようですが、ムラサキセンダイハギ Baptisia australis の乾燥根はアメリカ先住民によって催吐剤、下剤として利用されていました。

センダイハギ、ムラサキセンダイハギともに花の美しさから観賞用として花壇などに植栽されています。

両属は花の形は良く似ていますが、果実の膨らみ方、成熟した時の葉と果実の色の違いなどで別属とされています。

センニンソウ

Clematis terniflora

木性でつる性の多年草で、5枚の小葉の羽状複葉を対生させ、柄が長く伸びながら回転してほかの物に巻きつきながら伸びていきます。花は8～9月頃、枝先に集散花序につき、直径2～3cmで4枚の花弁に見えるのは萼片(がくへん)です。

花の後、花柱が3cm位に伸び白い毛を密生させているので、これを仙人のひげに見立てての命名だといいます。

北海道南部から南西諸島、小笠原諸島、朝鮮半島南部、中国、台湾の陽地に分布します。

センニンソウ属はキンポウゲ科の中では熱帯地方に分布を広げている数少ない属で、世界に300種があり、分布の中心は東アジアの暖帯で日本には20種が自生します。

仲間にはミヤマハンショウヅル C. alpina var. fujijamana、カザグルマ C. patens、テッセン C. florida、タカネハンショウヅル C. lasiandra、茎がつるにならないクサボタン C. stans など花の美しいものが沢山あります。

薬用には根を用います。生薬名を「威霊仙(いれいせん)」といいます。

民間療法で生の葉をもんで手首の内側に貼ると局所が赤くなり、水疱ができますが、そうすると急性扁桃炎、口内炎、吹き出物が治るといいます。しかし茎、葉に触れるだけでカブレを起こすので試みないほうが安全です。根を煎じて服用すると利尿、鎮痛、ヒステリーに有効といいます。プロトアネモネンの作用で、これはセンニンソウ属に広く含まれ、センニンソウ属が有毒とされる根拠です。

中国で神経痛などに使用される「威霊仙」には、現在ではサキシマボタンヅル C. chinensis の根を使用していますが、古い文献を見るとカザグルマやテッセンだったようです。生育地が少ない、個体数が少ないなどの問題でセンニンソウなど他の植物の利用に変わっていったのでしょう。チベット医学では C. tibetana の地上部を、利尿効果を期待して排尿異常に使用しています。

ソテツ

Cycas revoluta

ソテツ科はソテツ属の1属のみで58種からなり、そのなかでソテツが唯一日本に分布します。

九州南部から沖縄、中国南部に分布し、海岸の岩場に自生しています。また観賞用に各地の庭園に植栽されている雌雄異株の常緑低木です。

樹高は1～4mになり、茎は円柱形で、枯れた葉の基部で鱗状に密に覆われて、茎の頂に羽状複葉の大きな葉を叢生します。花は夏に開き、種子は卵型でやや扁平、長さ4cm位で鮮やかな朱紅色になります。

薬用部分は種子で生薬名を「蘇鉄子（そてつし）」といいます。10～11月に朱紅色に熟した種子を陰干しにします。

脂肪油のステアリン酸、パルミチン酸、オレイン酸、糖分、コリン、トリゴネン、アデニン、ヒスチジン、リンゴ酸、ホルムアルデヒド、シカシン、ネオシカシンなどを含みます。アデニンには鎮咳作用、ホルムアルデヒドには殺菌作用があります。シカシンは有毒で温血動物には連続投与すると毒性を発揮しますが、抗癌作用があることも分かってきています。

民間では種子を鎮咳、健胃、胃下垂、下痢、通経、疲労回復、肺結核、肋膜炎の薬として用いたり、葉を煎じて飲むと中風、脳溢血、淋病に良いといわれたこともあります。

また種子の胚乳を晒したり、茎からも澱粉を取り、飢饉のときに食用にしたとの記録もあります。しかし有毒成分ホルムアルデヒドを含んでいるので十分に水で晒して、アク抜きをしないと中毒を起こします。よほどの場合の非常食であったと思われます。

昔、食糧難の折に、このソテツやヒガンバナなどの有毒成分を含んだ植物から澱粉を取り食用にした知恵と執念に敬意を感じます。

蘇鉄の意味は樹勢が悪くなった時、鉄釘を刺したり、鉄くずを与えると蘇生するとの意味であるとか、成長が遅いため、念願がかなった時、「千年の鉄樹が開花した」と例えるのに基づくなどといわれています。

タケニグサ

Macleaya cordata

本州、四国、九州、台湾、中国に分布する山野に普通に見られる大型の多年草です。

草丈2mにもなり、根は粗大でオレンジ色、葉は互生し有柄で丸く縁に欠損があり、葉の裏は粉白色です。茎葉を傷つけると黄色い乳液が浸出します。6～8月頃、頂に小さな白い花を円錐花序につけ細長い楕円形の扁平な果実を沢山つけます。

薬用部分は全草で生薬名を「博落廻（はくらくかい）」といいます。

成分には多種類のアルカロイドがあり、プロトピン、ホモケリドニン、サンギナリン、ボッコニン、ボッコノリンなどがあります。

プロトピン、サンギナリンは大脳中枢を麻痺させ、乳液は皮膚病、タムシ、ミズムシ、シロナマズ、イボに有効といいます。

煎汁には殺虫作用があり畑、家の殺虫剤として散布したり、動物の寄生虫駆除や便所の蛆殺しに利用したりしました。有毒であり内服には利用されません。

「博落廻」を煎じて服用すれば胃潰瘍、十二指腸潰瘍に良いという話もありましたが、有害なので試みるべきではありません。今では良い新薬ができています。

タケニグサの名は茎が中空でタケに似るからとか、果実がタケの実に似るからとかいわれ、また一説に、これをタケと一緒に煮るとタケが柔らかくなり細工がし易くなるからとかいいますが、私が子供の頃、試みたことがありますが一向に柔らかくなりませんでした。

俗名にチャンパギクとかササヤキグサがあります。ササヤキグサとは成熟した果実が風にふかれてさらさらと鳴る様子からといいます。

中国での名の「博落廻」は子供がタケに似た枯れた茎で笛を作って遊ぶことによるもので、「博落廻」とは笛の１種の名前であるといいます。

タバコ

Nicotiana tabacum

熱帯アメリカ原産といわれていますが、自生地は見つかっていません。現在では、全世界の温帯、熱帯で栽培されている1年草です。

草丈1.5～2mになります。全体に粘り気のある腺毛を密生させ、葉は楕円形で先がとがり30cm位に育ちます。夏に茎の上部に総状花序にロート状の淡紅色の花を多数つけます。

葉を喫煙のために使用しますが、かつては万能の薬用にもされました。タバコを喫煙する習慣を文明社会に持ち込んだのは、1492年に新大陸を発見したコロンブスであるといわれています。喫煙の習慣は700年頃、中央アメリカのマヤ族からアステカ族へと広がり、コロンブスが上陸した頃には、中央・南アメリカの広い地域に広がっていました。その頃は葉を細かく刻み香りを鼻から吸引するという嗅ぎタバコで、フランス貴族の間で大流行したといいます。16世紀にはヨーロッパに広がり、日本には慶長年間（1596～1615）に長崎、鹿児島に入ってきたといわれています。。

薬用には葉と茎を用います。

葉に総アルカロイドを約4%含み、ℓ-ニコチン、ℓ-ノルニコチン、ニコチアミン、アナバシン、アデニン、ヒスチジン、ベタインなどを含有します。

ニコチンは体重1kg当たり0.001～0.004 gで中毒症状を呈し、初め交感神経、ついで副交感神経の神経節を刺激し、後に麻痺させます。

喫煙料とするほか、屑葉の煎汁を農業用の殺虫剤として使用します。民間では偏頭痛、痛風、歯痛、マラリア熱、喘息、ミズムシ、害虫やヘビの駆除、切り傷、浮腫、腹痛、虫さされ、しらくもなどに用いたといい、ペストに効くという話まで吹聴されました。

中国ではマラリア、コレラなどの予防治療の薬として使用された時代もあったそうです。

タバコ属の植物には熱帯アメリカを中心に多くの種類があるといいます。タバコの語源はハイチの先住民のY字型のキセルの名前であるとか、北米東海岸の島の名であるとかいわれています。

タバコ属は世界に66種あるといわれ、喫煙に使われるのはN. tabacumのほかにロシアとアジアの一部にはマルバタバコN. rusticaがあります。

花の美しい園芸品種も作られ、時に花壇を飾っています。

チガヤ

Imperata cylindrica

北海道から九州、アジア、アフリカに分布し原野、道端などに群生する多年草です。

草丈20～50cm、根茎は白く、細く、長く、有節で、地中を匍匐（ほふく）します。葉は線形で2～3枚、5～6月に茎の先端から白色の絹糸状の毛に包まれた円柱状の花穂を出します。はびこると駆除するのが難しい雑草となります。チガヤの属は世界の温帯と熱帯に約10種あります。

若くて葉鞘に包まれた花穂は噛むと甘いので昔の子供は良く口にしました。ツバナともいいます。江戸時代にはこれを子供のおやつに売り歩いたとのことです。地下茎も甘味が強くサトウキビ Saccharum officinarum とも近縁の植物です。

薬用部分は根茎で生薬名を「茅根（ぼうこん）」といいます。10～11月に根茎を掘り上げ、細根、鱗片を除いて水洗し、日干しにします。根茎にトリテルペノイドのシリンドリン、アルンドイン、フェルネノール、シミアレノールのほか、酢酸、クエン酸、酒石酸、リンゴ酸、蓚酸、カリウムなどを含有します。

消炎、利尿の作用があり、吐血、血尿、風邪、喘息、二日酔いに、また水腫、黄疸、脚気、膀胱炎などに利尿剤として使用されます。若い花芽、花穂には止血作用があり、出血時間、凝固時間を短縮するので鼻血、血尿、喀血の時の止血剤になります。中国では急性腎炎に他剤と配合して煎じて用いているようです。

コラム

＊オオカバマダラ＊

玉野の薬草園で、一人で手入れをしていた時のこと、アメリカ人らしい見学者が来てオオトウワタを見て「これは○○という蝶が来て餌にする植物だ。何千キロも旅をして来る蝶だ」と言います。私は英語が得手ではないし、蝶のことも知らないし応対に困りました。

後で調べてみるとオオカバマダラのことと判明。幼虫の食草が彼の言うガガイモ科のトウワタであることも判りましたが、もう後の祭りです。でも自分の知識として残りました。

オオカバマダラは硫黄島、小笠原、沖縄、フィリピン、インド、オーストラリアに分布し、北米南部にも多産しヨーロッパ、カナダへと遠距離移動するので有名とあり、日本でも大阪で発見され、沖縄で発生が確認されています。玉野の薬草園のオオトウワタに飛来の確認はできていません。

日本では遠距離移動が確認されている蝶としてはアサギマダラが有名です。和歌山から香港、能登半島の輪島から中国の淅江省、台湾から滋賀県までなどの飛来の記録があります。オオカ

チョウジソウ

Amsonia elliptica

チョウジソウは北海道石狩地方以南、本州、九州大分県、宮崎県、朝鮮半島、中国に分布し、温帯から暖帯の川岸の原野に生える、多年草です。

草丈は 40 ～ 80cm、直立する茎に 5 ～ 10cm の葉が対生し、5 ～ 6 月に茎の頂に集散花序に青みのかかった星形の美しい青藍色の花をつけます。

全草に毒があり、種子にタベルソ、テトラヒドロアムソトニン、ビンカミンなどのアルカロイド、茎葉に β - ヨヒンビン、根にエリプティシン、ヨヒンビン、β - ヨヒンビンアリチリン、ハントラプリン、テトラヒドロセカミンなどを含みます。

アムソニンには局所麻痺、瞳孔散大、血圧降下、血管収縮などのヨヒンベアルカロイドの作用があり、有毒植物であり、薬用植物としての利用は現在のところはありません。

チョウジソウ属は北アメリカ、東アジアに20 種が分布していて、日本にはチョウジソウが自生しています。名前の由来は花を横から見ると「丁」の字に見えることからです。

毒のある草ではありますが、青藍色の花をつけた様子の美しさから花壇に植えられたり、生け花としても愛されています。

旺盛な繁殖力で、種子からでも、株分けでも簡単に増殖、生育させることができます。

バマダラは 3,000km 以上の記録、アサギマダラでは 2,400km が記録されています。

アサギマダラもガガイモ科のカモメズル、キジョランなどを幼虫の食草としています。これによってガガイモ科に含まれる有毒アルカロイドを体内に取り込み鳥などの天敵から身を守っているといわれています。

アサギマダラのオスの成虫もピロリジジンアルカロイドを含有するヨツバヒヨドリ、フジバカマ、沖縄のシロバナセンダングサから吸蜜し体内の毒を維持しているといいます。

日本最大の蝶といわれるオオゴマダラは沖縄本島以南に生息する、金色の蛹を作るので有名な蝶ですが、これも食草がガガイモ科のホウライカガミという植物だそうで、やはり毒成分を体内に取り込み、天敵から身を守る手段にしているとのことです。蜜源としてもホウライカガミを利用しているそうです。

言葉の良く通じない外国人との拙い会話から、興味のある知識を後から段々と引き出すことができました。薬草園の掃除も楽しいものです。

チョウセンニンジン

Panax ginseng

チョウセンニンジンは薬の世界では単にニンジンといわれることもありますが、セリ科の野菜の人参とは全く違う植物で、渡来の経由から朝鮮人参、高麗人参ともよばれ、また江戸時代に徳川吉宗が諸藩に種子を配り栽培を奨励したので御種人参（おたねにんじん）の名もあります。

漢方の原料として有名であり畑で栽培される多年草です。

古くから高貴薬として有名です。中国北部、東北部、朝鮮半島北部、シベリア南部の密林に野生しています。

草丈50cm位の多年草で、長い柄のある掌状複葉をつけ、小葉は5枚。夏になると茎の先の長い柄の先の散形花序に小さな白い花を咲かせ、赤い球形の液果をつけます。根は白く、直根であり多肉であまり長くはなりません。

日本へは奈良時代に唐から渡来し、正倉院にも現存しています。江戸時代に日光の御薬園で試作し、以後各藩に奨励しましたが、島根の大根島、信州丸子、会津若松で定着しました。

チョウセンニンジンの栽培は土壌の選択、遮光、雨対策、風対策、連作ができないなど難しい点が多く、玉野の薬草園でも恐れをなして植栽を試みたことがありませんでした。埼玉の自宅の畑で慶応大学薬学部薬草園のご指導を頂きながら試みています。

薬用には水洗した根をそのまま、または皮を剥いて日に干したものを「白参（はくじん）」、根を蒸気で蒸して火力または日干しにしたものを「紅参（こうじん）」とよび利用します。

成分としてはパナセンを中心とした精油成分、β-シトステロール、サポニン、ジンセノサイド、パナキシノール、β-エレメンなどが知られています。

サポニン分画に血糖降下作用、疲労回復の作用、ジンセノサイドに蛋白、DNAの合成促進作用があり強心作用、強壮作用、健胃、肝機能増強、神経衰弱、神経痛、低血圧、冷え症の是正などが挙げられますが、まだ全てが解明されてはいません。

薬用酒にもされていて養命酒は有名です。煎じて浴湯料にすると神経痛、リウマチに良いといいます。漢方には補中益気湯（ほちゅうえっきとう）、小柴胡湯（しょうさいことう）、人参湯などに配されています。

日本には同属のトチバニンジンP. japonicusが各地の森林に野生していて薬用にされました。新陳代謝を盛んにする作用はチョウセンニンジンに劣りますが、去痰、解熱の作用は優れているといいます。カナダにはアメリカニンジンP. quinquefolisがありチョウセンニンジンと同じように使われています。また中国の西、中南部にはサンシチニンジンP. pseudo-ginsengがあり高貴薬として使用されています。

ツチアケビ

Galeola septentrionalis

北海道から奄美大島までの深山の木陰に生え、ナラタケの菌糸を栄養源にする多年草の腐生植物です。

葉が無く、葉緑素を持たず、根茎は地中を匍い、ところどころから地上茎を立てます。黄褐色で30～100cmになる硬い茎を伸ばし上部で分枝し、6月頃枝先に総状花序にレモンイエローと肌色の組み合わさった色の花をつけ、9～10月になってバナナを小型にしたような形の赤い蒴果を懸垂します。草丈もあり美しい赤色で生け花の材料にもされます。

自家受粉で種子ができ、ラン科として、腐生植物としても珍しく鳥によって種子が食べられ、その消化管経由で種子散布、子孫拡散をするとのことです。

岐阜県東濃地方の山中で赤い実をつけた様子を見たときは、異様な美しさに感動しました。

薬用部分は果実で秋に採取し、天日乾燥。生薬名を「土通草（どつうそう）」といいます。

成分は明らかにされていませんが、収れん性の味があります。

中国では使われませんが、わが国独特の薬草で昔から強壮、強精、利尿に効果があり、甘草とともに煎じて服用すると淋病に良いともいわれてます。神経痛、高血圧、腎臓病、膀胱炎、下痢、腫れもの、歯の痛み、乳の痛みに有効といいます。

全草を黒焼きにして頭髪油と混ぜて塗ると頭皮のできものを治すともいいます。

ツチアケビとは、土に生えてアケビのような実をつけることからの名であり、別名に「山の神の錫杖（しゃくじょう）」がありますが、茎の上部についた果実の様子から名付けられました。ほかにヤマトウガラシ、ヤマサンゴ、ヤマシャクジョウ、ジアケビなど多数の別名があります。

ツチアケビ属の植物は我が国の西南暖地から東アジア、インド、東オーストラリアに25種が分布しています。

テイカカズラ

Trachelospermum asiaticum

テイカカズラはつるになる木本性の常緑樹で、付着根を出しながら崖、石垣、他の樹木等にからみつきながら伸びていきます。葉は対生で緑の光沢があり、冬でも紅紫色になるだけで落葉しません。初夏に、上部で5弁でプロペラ状にねじれた白い良い香りのする花をつけ、咲いてから時間が経つと黄色くなってきます。

本州、四国、九州、朝鮮半島に分布します。葉の大きいのをチョウジカズラ T. a. var. majus として変種にしています。

中国、台湾に分布するトウキョウチクトウ T. jasminoides を中国名「絡石（らくせき）」といい、これの芳香成分を集めたものを「絡石浸香」とよび、根、茎、果実は薬用にしています。

解熱、強壮、腫れものの鎮痛、扁桃腺炎、浮腫、喘息に使い、また煎じて常用すると身体を強健にして長寿になるといいます。

各種の中毒を消すといいますが、キョウチクトウ科であるだけに有毒成分があるのではないかと心配になります。

テイカカズラとは、藤原定家が彼に恋をした式子内親王が霊になって定家の墓にまつわりつく苦しみを旅の僧に訴えるという謡曲の「定家（ていか）」の物語からつけられました。

『古今和歌集』、『万葉集』にも詠われています。

この属はインドから日本にかけて約30種あるといいます。

日本には近畿以西にケテイカカズラ T. a. var. pubescens、琉球諸島にオキナワテイカカズラ T. gracilipes var. liukiuense などがあります。

姿、形が良いので庭に植えたり、生垣に作ったり、盆栽仕立てにされたりもします。

岡山の玉野の薬草園へ入る道路わきの花崗岩の塊に、しがみついて美しく花を咲かせている姿が思い出されます。

テンチャ

Rubus suavissimus

近年花粉症の患者数が増えてきて何かと話題が多くなっています。

その話題のうちの一つにテンチャがあります。葉をお茶にし、漢字では「甜茶」と書きますが、花粉症、アレルギー性鼻炎の人が服用すれば有効との発表があって有名になりました。

Rubusはキイチゴ属でキイチゴとは木苺で木になるイチゴの意味です。ラズベリー、ブラックベリーなどを含む大きな属で世界に300とも3000種ともいわれますが、雑種を作り易く、亜属間でも雑種を作り、容易に倍数化するなどで分類が困難な群です。

日本にもモミジイチゴR. palmatusが野生しています。甘くて汁気が多く、山歩きで見つけると思わず手が出ます。そのほか多数の野生品が自生しています。

薬用としては中国や朝鮮半島で、地域によって使用する種類はトックリイチゴR. coreanus、ビロードイチゴR. corchorifolius, クマイチゴR. crataegifoliusなどの若い果実を「覆盆子（ふくぼんし）」とよんで強壮薬などに使用します。

テンチャは葉にも強い甘味があり、お茶として飲用されてきました。いわゆる「甜茶」です。お目出度いときのお茶、幸せをよぶお茶とされます。

「甜茶」とは中国茶の中でチャノキ以外から作る甘いお茶の総称だともいいます。

アカネ科のギュウハクトウ（牛白藤）、ユキノシタ科のロウレンシュウキュウ（蝋蓮繍球）ブナ科のタスイカ（多穂柯）とバラ科のテンチャケンコウシ（甜茶懸鈎子）です。

そのうちバラ科のものが近年三重大学の鵜飼幸太郎先生らによって花粉症、アレルギー性鼻炎に有効と発表されてブームになりました。有効成分はポリフェノールにあるようです。この植物の原産地の中国ではアレルギー、花粉症の薬として使われているわけではないようです。

キイチゴの仲間ですから、それらしい実がなって甘くて食べられます。埼玉の我が狭い畑でも元気に育っていて、実ができて、食べるとキイチゴと同じく甘くて美味でした。

トクサ

Equisetum hyemale

トクサ科はトクサ属１属のみでオーストラリアとニュージーランドを除く世界各地のやや涼しい湿地に15種が分布し、日本には9種が自生しています。前巻78頁で紹介したスギナも同科、同属の仲間です。トクサは生け花に使われたり、生垣や庭の池の傍に植えられたりしています。

茎の表面にケイ酸を多く含み、ざらついていて木材、角、骨、工芸品の研磨に用いたりするので「砥草（とくさ）」の名がついたといいます。

地下茎は短く、横に這い、地面付近で多数に分枝し、その節から茎を直立させます。茎は、中空の円柱形で分枝せず、草丈50～100cmになります。常緑で、夏に茎頂に短楕円形の胞子嚢穂をつけます。茎は深緑色で縦に多数の溝が走り、節があり、はかまをつけます。

茎が薬用部分で、生薬名を「木賊（もくぞく）」といい、6～7月に根元から刈り取り、熱湯に浸してから日干しにします。薬用にされたり、観賞用に栽培されたりしています。

成分は無水ケイ酸、ケイ酸塩、パルストリン、ジメチルスルフォン、カフェ酸、バニリンなどを含みます。収斂剤として腸出血、痔出血に使用し、また食欲増進、消炎、利尿の作用もあります。翳（かす）み目に煎汁を内服したり、洗眼すると良いなどともいわれます。湯通ししたトクサの茎は、歯石の除去、爪の整形、イボやタコの削除に使います。

日本のトクサ属にはイヌドクサ E. ramosissimum やヒメドクサ E. scirpoides、チシマヒメドクサ E. variegatum、ミズドクサ E. fluviatile、フサスギナ E. sylvaticum、イヌスギナ E. palustre、スギナ E. arvense などがあります。良く繁殖し、処置に困る位密生してきます。東大小石川の植物園で見かけた E. myriochaetum はトクサの仲間ですが、スギナのような葉の部分をつけて 1m 以上にもなる巨大なスギナのお化けの姿でした。

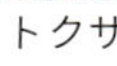

トクサ

E. myriochaetum

トチノキ

Aesculus turbinata

トチノキは渓谷沿いの湿り気のあるところに生える樹高 20 ～ 30m にもなる落葉高木で、天狗の団扇のような大きな掌状複葉、5 ～ 6 月に葉の茂みの上に大きな円錐花序を出して白い花が咲く様子は遠くからでも目立ち、大きな栗のような果実をつける特徴のある木です。

材が軟らかで加工しやすいので漆器、家具、彫刻の材料にされます。

花はミツバチの蜜源として重要であり、実はサポニンを抜いて栃餅、栃の実煎餅など食用に加工されるなど有用植物です。食用の加工には種子を殺虫、乾燥します。皮ぐるみ大豆大に砕き、製粉機にかけ皮を除いて 1％の炭酸ソーダで処理した後に清水に浸し、乾燥します。栃の実の重量の半量の栃の粉が得られます。古くは栃の実を 30 日間水に晒してアクを抜き、次いで皮をむいて灰汁で煮て乾燥し、粉としてもち米と混ぜたといいます。いずれにせよ大変な手間です。

アク、苦味、渋味、えぐみなどの正体はサポニン、タンニン、アミグダリン、アルカロイド、有機酸、テルペン樹脂などだといわれ、ドングリ、オニドコロ、ゼンマイ、ワラビ、フキノトウなどに入っています。これをいろいろな方法で抜き、食べたのは昔からの日本人の知恵であり文化です。

トチノキは日本では北海道、本州、四国、九州の山地に植生します。パリの街路樹で有名なマロニエも仲間で学名を A. hippocastanum といい、日本の街路樹に導入されているアカバナアメリカトチノキ A. pavia なども仲間です。

薬用には葉、樹皮、果実を使います。

種子にサポニンのプロトエスシゲニン、バリントゲノール C、D、クエスシゲニン、アロイン、タンニン、澱粉を含有、樹皮にはカテコールタンニン、クマリン類のフラキシン、エスクリンを含み、葉にはフラボノイドのケンフェロール、クエルセチンなどを含有します。

樹皮を煎じて腫れもの、打撲傷、ジンマシン、痔、にきび、ミズムシなどに、葉を煎じて咳止め、下痢止め、果肉は粉にしてミズムシ、しもやけに使います。

セイヨウトチノキはドイツでも種子の水浸液を痔、子宮出血の止血剤として使います。

草木染めの材料にすると樹皮では灰汁、アルミ媒染で樺色、銅で茶色、鉄で黒茶、鉄と石灰の併用で煤竹色に染まり、緑葉では同様にすると全体に少し赤みがかかった色になるといいます。いずれにせよ有用な樹木です。

トチノキ

セイヨウトチノキ

トチュウ

Eucommia ulmoides

中国大陸中南部の原産で、大正時代に日本へ渡来し、植物園などに植栽されています。

樹高15～20m、幹の径40cmにもなる落葉高木。樹皮は褐色を帯びた灰白色です。枝は無毛。葉は互生し、楕円形～長楕円形で長さ8～15cm。雌雄異株で花期は4月です。若い枝の苞の腋に小さな花を沢山つけます。

薬用部分は樹皮で生薬名を「杜仲（とちゅう）」といいます。4～6月に15年以上経た木の樹皮を剥ぎ、良く日干しにします。

樹皮にイソプレン長鎖状重合体のグッタペルカを2～6.5％、オークビン、樹脂、精油などを含有します。全体にゴム質のグッタペルカを含むので、枝、茎、葉を折って引っ張ると白い糸を引きます。ゴム質ですが、含量が少ないのでゴムの原料とされることはありません。

血圧降下作用、利尿、中枢抑制作用が認められます。強壮、強精、鎮痛、腰痛、足膝の弱りなどに用いられるほか、葉にも同じ薬効があるといい「杜仲茶」としても利用され市販されています。

漢方では大防風湯（だいぼうふうとう）などに配されています。

トチュウ科は1属1種でトチュウのみが中国に自生しています。化石学的に見ると6500万年～170万年前には日本にも分布していたらしいとのことです。

中国では高級な漢方原料で、古くから栽培されています。『本草綱目』によるとトチュウの樹皮を毎日煎じて飲み続けて仙人の悟りを開いたと書かれています。

ナンキンマメ

Arachis hypogaea

今ではナンキンマメより落花生、またはピーナッツの方が通りが良いと思います。

南米原産とされ、日本へは江戸時代に中国経由で導入され栽培が始まったので南京豆の名がついた1年草です。インド、中国、アメリカなどで量産されマメ類の中でダイズに次いで生産され、年間2000万トンにもなるといいます。日本では千葉、茨城が主産地で年3万トンになるといいます。千葉では明治9年から栽培開始し、やせ地で、ほかの作物が思うようにできない九十九里浜での栽培が広がって一大生産地となりました。

茎は根元で分枝し、地を這って広がり、偶数羽状複葉で2対の小葉をつけます。夏から秋に黄色の蝶形花をつけ、受精後子房下部から長柄を伸ばし地中にもぐり、子房を地下で殻の中に豆果を実らせていきます。子房下部から伸びるのは花柄ではなく萼、花弁、雄蕊の癒合して筒状になったもので花床筒というものだそうです。

薬用部分は種子（落花生）と地上部（落花生枝葉）で、種子は晩秋掘り上げ、殻から外し、日干しにし、枝葉は新鮮なまま乾燥します。

種子には40～50%の脂肪油を含み、その40～60%がオレイン酸で、その他アミノ酸、ビタミン、トリテルペノイド系サポニンなどを含有します。

地上部には1-ペンテン-3-オール、1-ヘキセノールなど多種の揮発性成分を含みます。落花生のトリプシンインヒビターはフィブリン溶解を遅らせ、血友病患者のユーグロブリン血餅溶血時間の延長、血栓の弾性増進などに働き、各種の出血症に有効との報告があり、特に種皮に止血効果が高いといいます。

種子は食用にされますが、生のものを細かく砕いて服用または煎用すると空咳、脚気、乳汁不足に良いといいます。地上部は患部に塗布すると打撲傷に良いといわれています。

ピーナッツオイルは医薬品の溶剤、軟膏基材などに利用されることもありますが、ときに食物アレルギーの原因になったりすることもあります。

殻付きのまま炒って食べる、皮つきの実を炒って食べる、バターピーナッツにする、ピーナッツ和えにするなどして食べます。

自宅で栽培して乾燥する前に殻ごと茹でて食べるのを覚えたら、これが一番美味でした。

ただ収穫して数日内でないと硬くなって駄目で原産地に近いか、自前で作らないと賞味できません。試みてください。

ニガキ

Picrasma quassioides

ニガキ科はミカン科に近縁ですが、花盤が発達すること、精油を含む油点を葉に持たないこと、胚珠のありようなどで区別されます。世界の熱帯から亜熱帯に20属、120種が分布。

日本にはニガキのみが自生し、中国から導入されたニワウルシ Ailanthus altissima が街路樹、庭木として植えられているくらいです。

ニガキは日本各地、台湾、朝鮮半島、インド、ヒマラヤに分布し、温帯から亜熱帯の山野に生える落葉高木です。

樹高10～15mに達し、幹は直立し、上部で密に分枝します。葉は互生し、奇数羽状複葉。小葉は9～13枚、長さ4～10cmで雌雄異株です。5～6月に腋生の集散花序に黄緑色の花をまばらにつけます。9月頃楕円形の果実をつけ、熟すと緑藍色になります。

薬用部分は樹皮を除いた材で、生薬名を「苦木（にがき）」といいます。苦味は全株にあります。

5、6年経た樹幹を6～7月に根基から切り、小枝樹皮を除いて輪切り、縦割りにして、適当な大きさにして日干しにします。材部を薬用にする植物は珍しい存在です。

苦味質のクワッシン、ニガキラクトン、ニガキヘミアセタールE、F、ネオクワッシン、ピクラシン、ニガキノール、およびアルカロイドのニガキノン、メチルニガキノンなどを含んでいます。

唾液、胆汁、尿の分泌を促進するので苦味健胃薬として下痢、胃腸炎、消化不良、食欲不振に使います。多量に用いると胃痛、嘔吐、めまい、下痢を起こすので注意が必要です。葉の煎汁を家畜の駆虫剤、農業用の殺虫剤などに用いました。

コラム

＊アカボシゴマダラ＊

ある日、住まいの壁に見かけたことのない蝶が止まっていました。子供の頃から昆虫好きではありましたが、初めて見る蝶でした。早速部屋に戻ってカメラを取り出し、現場に戻るとまだ止まっていたので捕獲はせず、写真だけ撮りました。

古い昆虫図鑑を取り出して調べてみると、アカボシゴマダラと判り、日本では奄美大島特産、ニレ科のリュウキュウエノキを食草とすると書いてあります。さては2日前の台風に乗って来た迷蝶かと思い珍種発見と喜びました。

こんな関東まで飛ばされてきて、何の蜜を糧にするのか、仲間はいるのかなど考えました。ところがインターネットで調べると最近関東でし

ニシキギ

Euonymus alatus

ニシキギは日本各地、朝鮮半島、中国東北部、南千島、サハリンの山地に植生し、鑑賞用、垣根用などに植えられる落葉低木で、樹高は2～3m、枝は若い時は緑色で2年後の枝にはコルク質の翼が四方につきます。葉は対生、5～6月に葉腋の集散花序に黄緑色の小さな花を2、3個つけます。秋に成熟すると橙赤色の仮種皮に包まれた種子ができます。

和名の意味は「錦木（にしきぎ）」で鮮やかな紅葉が錦を広げたようということから来ています。

薬用部分は翼状物のついた枝で、生薬名を「鬼箭羽（きせんう）」といい、日干しにします。

翼状部はコルク質で樹脂を含み、葉にはクエルセチン、ズルシトール、エピフリーデラノール、フリーデンを含みます。葉も薬用にします。血糖降下作用、腹痛を抑える、通経、駆虫などにも用いられます。

民間では翼状部の黒焼きを飯粒で練り、紙に伸ばして貼るとトゲぬきに良いといわれ、腹痛、月経不順にも使用します。また種子を黒焼きにして、油に混ぜて塗るとシラミの駆除の効果があるともいいます。トゲぬきにニシキギを利用するのは日本独特の治療法で、地方によっては秋にできる赤い実を煎じて飲むだけで針、竹、木の棘が抜けるともいわれています。

仲間にコマユミ E. striatus があり、広く分布し、九州南部から琉球諸島全体にリュウキュウマユミ E. lutchuensis や琉球諸島から台湾に分布するヤンバルマユミ E. tashiroi などがあり、マサキ E. japonicus やツルマサキ E. fortunei、マユミ E. sieboldianus、ツリバナ E. oxyphyllus なども仲間です。

ばしば見られ、東南アジア、中国大陸経由で入り込んだ外来種で、誰かが外国から持ち込んで放したものらしいとの記載がありました。その上、奄美の系統とは異なるもので「植物防疫法」の検疫有害動物で、「外来生物法」での要注意外来生物とありました。

平成7年（1995）頃から関東に現れ、エノキを食草にしていて、日本在来のオオムラサキ、テングチョウ、ゴマダラチョウと競合し、雑種構成の可能性もあり、生態系のバランスを壊すおそれがあるといいます。東南アジア、中国では何を食草にしてきたのか、エノキで十分なのか、そんなことも気になりました。

その後、東京上野の国立科学博物館へ出かけて、エノキ、それも若木のエノキの葉を食草としていること、関東では駆除を本気で考えねばならない程増殖していることなどを丁寧に教えて頂きました。逃がさない方が良かったのか…などと考えさせられました。

ニチニチソウ

Catharanthus roseus

キョウチクトウ科は熱帯に多く、少数が温帯に分布し、常緑の木本、時につる植物、稀に草本で 180 属、1500 種あるといいます。

ニチニチソウはその稀な草本の 1 種です。

園芸植物にされて日本では 1 年草ですが、原産地のマダガスカル島では多年草です。

日本には江戸時代に渡来しました。

ニチニチソウとは「日日草」と書き、毎日新しい花が次々と咲き替わることからつけられた名前です。

草丈 30 ～ 60cm、茎は直立、葉は対生、夏から秋にかけて葉腋に紅紫色、白色などの花を数個つけます。

マダガスカル島の原住民は腹痛の薬、乳房の腫れを抑える、止血、消炎、吐剤にしていました。

1960 年代から白血球減少作用、細胞増殖抑制などの効用から小児の悪性リンパ肉芽腫のホジキン病や白血病の治療に使われました。

民間療法では全草を使い、胃潰瘍、便通、消化の促進に使ったといいますが、毒性が強く、量を過ごすと嘔吐、白血球減少などを起こします。

全草に成分としてビンクリスチン、ビンブラスチンなど多くのインドール系のアルカロイドを 60 種以上含有します。またコハク酸、イノシトール、タンニンなどを含みます。

園芸品として栽培されている品種は、有効成分含量が低いので医薬品原料としては、原産地の野生品を使っています。

繁殖は 3 ～ 4 月に苗床、鉢に直播し、5 月に定植すると良いようです。

ニンジンボク

Vitex cannabifolia

中国原産で庭木として時々公園などに植えられています。樹高3m位になる落葉低木で、葉は対生、掌状複葉、アサの葉に似ています。7～8月に円錐状の花穂に小さな薄紫色の小さな唇形花を階段状につけ、果実は石果です。

薬用部分は根を「牡荊根(ぼけいこん)」、または「黄荊根(おうけいこん)」、茎の汁を「牡荊瀝(ぼけいれき)」といい、そのほか葉、果実なども利用します。

同属には南ヨーロッパ、アジア西部にセイヨウニンジンボク V. agunus-castus、黄荊とよばれる V. negundo などがあり、日本の海岸に生えるハマゴウ V. rotundifolia も薬用にされます。Vitex ハマゴウ属は世界の熱帯を中心に100属、260種が知られていて、日本にはハマゴウのほか、8属約20種があります。

精油を含みピネン、シネオール、アルカロイドのカスチン、ビシチン、モノテルペン配糖体のアグヌサイドなどを含みますが、未詳のところも多い植物です。

発汗作用、抗マラリア、めまい、小児のひきつけ、下痢、中風、たむし、胃痛、痔ろう、去痰、感冒、咳、喘息などに用いられました。

玉野の薬草園には、岡山大薬草園から分譲して頂いたフィリピン原産の黄荊タイワンニンジンボク V. negundo が植栽されています。

精油を含有するので葉に触れると独特の香りがあります。

ニンジンボク

タイワンニンジンボク

ヌルデ

Rhus javanica

日本全土に普通に植生する落葉小喬木で、台湾、朝鮮半島、中国、インドシナ、インド、ヒマラヤに分布して、日当たりの良い丘陵地を好みます。

樹高5～10mになり、樹皮は帯褐色、葉は互生、奇数羽状複葉、小葉の間の葉軸にひれ状の翼があるのが特徴です。8～9月に頂きに黄白色の小さな花を円錐花序につけ、雌雄異株です。秋になると美しく紅葉します。

薬用部分は、葉にアブラムシの仲間のヌルデノミミフシアブラムシの雌虫が4月の終わりに飛んできて産卵し、幼虫が寄生してできた「虫こぶ」です。生薬名を「五倍子(ごばいし)」といいます。秋に虫こぶを採取し、熱湯で中の虫を殺してから、日干しにします。

成分は70～80%のタンニン、ほかにリンゴ酸カルシュウム、クエン酸、酒石酸、樹脂、ゴム、澱粉などを含有します。

タンニンの収斂作用で血管収縮、知覚麻痺、止血、腸管内の異常発酵の抑制などに働き、下痢止め、止血、止汗、鎮咳などに用います。粉末を口内炎、歯痛など局所につけたり、煎汁でうがいして扁桃腺炎に使ったりしました。

果実も薬用にして煎じて用いると急性、慢性の腎炎、咳止め、下痢止め、痰切りに効果があるといいます。

重要なタンニン原料であり、革細工への利用、写真現像液のピロガロール、また染料にもされます。昔の既婚のご婦人の風習であった「鉄漿、お歯黒、おはぐろ」の染剤としても使用されました。媒染剤として鉄を使います。

ネコノヒゲ（クミクスチン）

Orthoiphon stamineu

インド南部、アッサム地方、インドネシア、マレー半島の原産。薬用に栽培される多年草で、草丈 25 ～ 60cm。直立ないし斜上し、細く、4 稜形で毛がなく、葉は対生、卵形から狭長卵形、長さ 5 ～ 10cm。3 ～ 5 月に茎頂に散形花序に淡紫色または、紫桃色の唇形花をつけます。長い雄蕊（おしべ）を花の外に超出している様子を猫のヒゲに見立てての名前です。

クミクスチンという言葉もマレー語で「猫のヒゲ」という意味です。

葉または全草を採取し、そのまま使うか、日干しにして使います。

全草に多量のカリウム塩、配糖体のオルトシフォニンを含有します。

インド、マレーシア、インドネシアなどでは重要な民間薬です。

インドネシアには口伝の伝統的治療薬、ジャムウがありますが、医学体系としての記録がなく、伝承の記録もないのですが、現代でも民衆の中に生きています。

数種の植物の煎液をビン詰めにし、行商しながら売り歩きます。日常の保健薬、軽い疾病の薬として何種ものジャムウが販売されています。そのうちの利尿目的のジャムウにネコノヒゲとクスリウコン Curcuma xanthorriza を混ぜて煎じたものがあり、腎結石にもネコノヒゲほか 5 種の植物を併せ煎じたものを使っています。

カリウム塩に利尿作用があり腎疾患、痛風、胆のう炎などに利尿薬として使われています。

日本、中国には分布がなく、なじみもないので民間薬にも、漢方薬にも使われた記録はありませんが、インドのジャムウの世界では重要視されています。

オランダ、フランスでは膀胱疾患の薬として使用され、オランダでは薬局方にも採用されています。

最近では花の特徴、美しさから時々花壇に植えられているのを見かけます。

ネズミモチ

Ligustrum japonicum

山野に自生し、生垣などにも利用されている樹高 2m にもなる常緑樹です。

幹は暗灰色で直立し、良く枝分かれします。葉は柄があり対生し、縁が丸く長さ 3 ～ 4cm、革質で、楕円形で光沢があります。6 月に枝先に白い小さな花を円錐花序につけ、果実は 10 ～ 12 月に黒紫色に熟します。

熟した果実の様子がネズミの糞の形に似ていて、葉がモチノキに似ていることからネズミモチといわれます。

中国産のトウネズミモチ L. lucidum とともに薬用にされますが、成分も効能も共通です。

双方ともに生薬名を、果実は「女貞子（じょていし）」といい、完熟した果実を採取し、陰干しにします。

葉を「女貞（じょうてい）」といい薬用にします。「女貞」とは、葉が冬の寒さにも耐えしのび、青々としている様子を貞女になぞらえての名前です。

果皮にマンニトール、ウルソール酸、オレアノール酸、アセチルオレアノール酸を含み、種子にルペオール、β - シトステロール、ノナコサノール、葉にウルソール酸、シリンギン、マンニトールなどを含有します。

果実を強心、利尿、緩下、強壮、強精に使います。

葉には解熱、鎮痛、抗菌などの作用があり、熱湯で柔らかくして腫れものに貼ります。

指が痛むときに貼ったり、煎液に指を浸したりする、口内炎には生葉を砕いてその汁を口に含むと良いといいます。

炒ってお茶代わりにすると強壮、強精に効果があるといわれています。

そのほか葉の乾燥粉末をご飯に振りかけて食べると白髪が治るともいいます。

ネナシカズラ

Cuscuta japonica

ネナシカズラ科として独立させ、ヒルガオ科に含めない見解もあります。寄生植物で葉緑素がなく、花冠の内面の小型の細裂した薄い鱗片があることなどで区別するとしています。

山野に自生し、茎はつる性で細いひも状です。

発芽するとすぐほかの植物にまつわりつき、根がなくなり、茎から出す寄生根で養分を吸い取って成長していき、葉はなく、1年生草本です。

ネナシカズラは野原、河原などの明るい所にヨモギ、クズ、ススキのほか樹木にも黄色い葉緑体のないつるで寄生して、宿主を覆う大きな群落を作ります。8～10月に茎から短い花柄を出し白い花を穂状に沢山つけます。日本全土、および朝鮮半島、中国、さらにアムール地方にも分布します。

同属にダイズに寄生して被害を与えるマメダオシ C. australis、ハマネナシカズラ C. chinensis、また帰化植物でさまざまな植物に旺盛にからみつくアメリカネナシカズラ C. pentagona もあり、同様に薬用にされています。

薬用には種子、茎を使い、生薬名を「菟糸子（とししし）」といいます。

種子、茎を強精剤として陰萎、遺精、夢精、腰痛などに使いますが、成分については詳細不明です。また解熱、利尿、夜尿症、血尿、糖尿病、解毒、止血にも効果ありといわれています。

アセモ、ニキビ、ソバカスには茎の汁を塗ると良いといいます。

中国、朝鮮半島でもネナシカズラ、ハマネナシカズラ、マメダオシの種子を強壮、強精の薬として使用しています。また薬用酒にして飲まれたりもしています。

漢方では神応養神丹、菟糸子丸、菟糸子散などに配されています。

茎は細く、もろいが、繁殖力が強く、他の作物、植栽植物に旺盛にからみつき結構厄介な植物ではあります。

アメリカネナシカズラ

バイケイソウ

Veratrum grandiflorum

本州中部以北の深山から高山、北海道に分布し、山野の湿地に自生する多年草です。

草丈1～1.5mになり、茎は直立し、大型の広卵円形の葉を互生します。表面は無毛、裏面の脈上に毛状の突起が沢山あります。初夏に茎の頂に緑白色の小さな花を円錐花序につけます。

薬用部分は根。根を採取し水洗し、天日乾燥して使用します。

また、根を神経痛に使うといいますが、有毒であり素人療法は避けた方が良いでしょう。根を煎じて患部に塗れば水虫に有効といいます。

全草にアルカロイドのベラトラミン、ルビジェルビン、ソラニジンなどを含有します。

血圧降下作用、虫歯の痛み取り、できものなどに使用したことがあるようですが、毒性が強く現在では外用にのみ使用されています。催奇形性があるともいわれています。

明治薬科大学卒の高田崇史氏の小説『毒草師』（幻冬舎）にバイケイソウの催奇性毒についての興味ある記述があります。

そのほか、根、根茎を農業用殺虫剤としたり、ハエの駆除に使ったりしました。

バイケイソウの若芽は、ギボウシの若芽と良く似ているので春の食べられる山草として間違えて採取され、誤食したものを嘔吐して、その嘔吐物を食べた鶏が全部死んだという例もあり、鑑別をしっかりしないと非常に危険です。

薬草としてではなく、毒草として認識しておきたい植物です。

バイケイソウ属は北半球の温帯から寒帯に20数種あり、いずれもアルカロイドを含有する有毒植物です。昔は催吐剤、殺虫剤に使われた歴史があります。

日本にはバイケイソウのほかコバイケイソウ V. stamineum とシュロソウ V. reymondianum などがあります。

バイケイソウ

コバイケイソウ

バクチノキ

Prunus zippeliana

本州の房総半島以西、四国の太平洋側、九州、沖縄、台湾に自生する常緑高木です。

樹高12～18mになり、樹皮は灰褐色ですが、鱗片状に脱落し、その跡が紅黄色で艶やかになります。

バクチノキの樹皮と葉

セイヨウバクチノキの葉

革質で光沢のある葉は互生し、有柄、球状楕円形で 10 ～ 20cm の長さ。9 ～ 10 月に白い小さな５弁の花を多数葉腋に総状花序につけ、翌年核果を成熟させます。

薬用部分は葉で生のまま使用、または新鮮な葉を枝つきのまま水蒸気蒸留した留液（バクチ水）を使います。

採取後５～６時間で有効成分は半分になり、１日経つと全てが無くなってしまうので取り扱いに注意が必要です。

プルラウラシン、プルナシンを含み、プルナシンは加水分解されベンズアルデヒド、青酸、ブドウ糖になります。

青酸、シアン化水素は生体の呼吸を止める猛毒で、微量でめまい、嘔吐、呼吸興奮、咳そう神経の麻痺を起こします。

これの微量の作用を利用し、鎮咳去痰薬として喘息、咳、呼吸困難などを目的に使用します。

猛毒成分を含有するので一般使用はしない方が良いでしょう。

民間では新鮮な葉を水で煮た煮汁で患部を洗うとアセモに良いといわれています。

樹皮の煎汁を黄色の染色に利用することもあります。

セイヨウバクチノキ P. laurocerasus の葉にも同じような成分が含まれています。

バクチノキの名の由来は樹皮が剥がれやすく、赤裸のような姿になるのを、博打で負けて身ぐるみ剝され、丸裸にされた様子になぞらえたものです。

バシクルモン

Apocynum venetum var.basikurmum

北海道と本州青森県から新潟県の日本海側に分布する多年草です。草丈 70 ～ 80cm になり、夏に紫紅色の小さな花を頂きに数個つけます。

変わった名前ですがアイヌ語の「バスクル」（カラス）と「ムム」（草）が語源だといいますが、私には意味が分かりません。

別名をオショロソウといいますが、これは北海道西部の忍路海岸（おしょろかいがん）に自生する草という意味です。

基準種の A. venetum はヨーロッパから中国、アジアの温帯にかけて分布します。

中国ではこれを血圧降下薬、強心剤、利尿薬として「羅布麻（らふま）」の名で民間薬として使用していました。根にシマリンやストロファンチン、ネリデノンを含有します。葉にはルチン、d - カテキン、全草にネオイソルチンなどを含有します。

バシクルモン属は北アメリカからメキシコにかけてとユーラシア大陸に約 30 種が分布しています。この属は草丈も高くなく、姿も目立ちませんが、良く見ると可愛い花をつけるので鉢植えなどにして楽しむ人もいます。

バシクルモン属 Apocynum はキョウチクトウ科 Apocynaceae の学名の上ではキョウチクトウ科の基準属名となっていますが、系統進化の上からは科を代表する属ではありません。

キョウチクトウ科の進化の中心は熱帯地方で、バシクルモンはその中心から北へ外れた分類群だといわれています。

神戸学院薬学部の薬草園から故斉木教授に頂いて、玉野の薬草園で数年間花をつけていてくれましたが、いつのまにかトクサに負けて消えてしまいました。

ハゼノキ

Rhus succedanea

ハゼノキは蝋を採取するための木として知られ、今では本州関東地方南部以西、四国、九州、沖縄に野生化していますが、おおもとは中国大陸から琉球への導入品であったようです。

韓国の済州島、台湾、中国、マレーシア、インドなどに分布しています。乾燥した斜面、尾根、沿海地方に生える落葉高木であり、雌雄異株です。

樹高 10m になり、茎は直立して上部でまばらに分枝、葉は互生、奇数羽状複葉。5 ～ 6 月に腋生の円錐花序に黄緑色の花を多数つけ、核果は径 1cm 位になります。

薬用部分は核果から得られる木蝋で、核果を蒸気で蒸し、機械で圧搾する圧搾式やガソリンで溶かし出す抽出法などで蝋分を取り出し、水、空気、日光などを利用して漂白します。

脂肪質のパルミチン酸、オレイン酸、ヤパニン酸、ペラゴニン酸、ステアリン酸のグリセライドを含有します。変化、腐敗し難い脂肪であり、坐剤、軟膏の基剤、ロウソク、ポマードの材料として利用されています。

蝋の原料として雄株は不要なので、実生ではなく雌木を接ぎ木して増殖させています。

ハゼノキが導入されるまでは、本州、四国、九州、琉球の山地に自生するヤマハゼ R. sylvestris から蝋を取っていました。果実は油分を多く含むので小鳥も喜んで食べるようです。

秋に紅葉して山の中で鮮やかに輝いている様子は美しい眺めです。

ハトムギ

Coix lacryma-jobi var.ma-yuen

ハトムギはジュズダマ Coix lacryma-jobi の栽培型の変種で、花序が下垂するのが特徴です。果実を噛むとジュズダマより柔らかくて噛み砕けます。

果実は食用にされ、麦茶のように煎じて服用するのがハトムギ茶です。

薬用部分は種子で生薬名を「薏苡仁（よくいにん）」といいます。

9～10月頃採取、脱穀し、種子のみとします。民間薬としては根も使用します。

種子を煎じて、または粉末にして服用すると疣（いぼ）、特に軟属疣、尋常性疣に効果があります。ナスの絞り汁で泥状に練って塗布しても有効といいます。

また煎用、あるいは粥にして食べると鎮痛、鎮痙、鎮咳、去痰、緩下、利尿、消炎、排膿、滋養強壮に良く、身体疼痛、肩こり、神経痛、リウマチ、関節炎、脚気、肋膜炎、肺結核、糖尿病、腎臓病、膀胱結石、胃腸の病気、こしけ、乾燥肌、しみ、美容に有効といわれています。『神農本草経』にも筋肉の異常緊張したひきつり、固縮、関節炎、疼痛のある麻痺に良いとあり、久しく服用すれば強壮効果があると書いてあるそうです。

ハトムギ

ジュズダマ

根を煎じて服用すると通経、利尿、鎮咳、利胆に良く、根の煎液でうがいをすると口内炎、歯痛に有効といわれています。

種子を食用、薏苡仁酒、お茶にしたり、菓子などに加工されたりしています。

漢方薬には麻杏薏甘湯（まきょうよくかんとう）、薏苡仁湯（よくいにんとう）などに配されています。

温暖な土地の畑で栽培される1年草で夏から秋にかけて花穂を下垂してつけ、後に暗褐色で楕円形の実をつけます。4月に播種すると良く、また窒素肥料を多く要求します。

同属のジュズダマは溝、湿地などに野生します。花穂が下垂せず、果実が堅くて噛み砕けないのが相違点です。

鳩にジュズダマとハトムギを与えるとハトムギは喜んで食べますがジュズダマには見向きもしないということです。

玉野の薬草園でハトムギを植えましたが、結実期に野生の鼠か兎か鳥か分かりませんが、全て食べられて種子を取ることができませんでした。

美味しかったのでしょう。

ハナイカダ

Helwingia japonica

ハナイカダとは「花筏」で花や果実が葉の上につく様子から名付けられました。

北海道から九州、沖縄、および中国に植生し、山地の木陰に見られる落葉低木です。

高さ1～2m、若い枝は緑色、葉は卵円形で細かい鋸歯があり、表面に光沢があります。雌雄異株で花期は5～6月、雄花は数個、雌花は1～3個が淡緑色で固まってつき、花弁は3～4枚です。果実は8月に成熟し、紫黒色で直径7～9mmになります。

ママコ、ママコナなどとよばれ若芽、若葉を山菜として食べる地方があります。

筆者も庭で栽培した若葉を天婦羅にして食べてみましたが、乙な食感でした。

薬用には、おそらく民間薬的な使用と思われますが、葉、果実、根を日干しにして、またはそのまま生でも利用するといわれています。

成分は未詳、薬理的にも未詳ですが、中国では葉、果実が痢疾、血便、腫毒、ヘビの咬み傷に有効との報告があります。

葉、果実は解毒、解熱、消腫、鎮痛に有効といい、根は咳、リウマチ、月経不順、打撲傷に有効といわれています。

ハナイカダ属 Helwingia は日本に1種、中国に3種あり、日本には変種のコバノハナイカダ H. j. var. parvifolia が本州中部から九州の太平洋側に、また奄美大島以南の山地に亜種のリュウキュウハナイカダ H. j. ssp. liukiuensis があります。

庭木などにされることは、あまりありませんが、花、実ともに風変りなつき方をするので、時に植えられていたり、生け花にされることがあります。増殖は実生で、剪定を好みません。

日本では、薬用植物としてより山菜としての方が有名でしょう。

バニラ

Vanilla planifolia

バニラはチョコレートやアイスクリーム、クッキー、キャラメル、タバコ、リキュールなどに甘い香り付けとして良く使用され、親しまれているのでご承知の方も多いと思います。

原産はメキシコ東部からパナマ、西インド諸島の多湿な森林地帯に植生し、熱帯地方で広く栽培され、日本では各地の植物園の温室で栽培されているつる性の着生ランです。

メキシコなど原産地では先住民によって、チョコレートドリンクやタバコの香料として用いられていましたが、当地を侵略したスペイン人がヨーロッパへ持ち帰り、世界へ広まったといいます。

茎は肉質の棒状で暗緑色、葉の反対側に気根を出し、長楕円形の葉は長さ 15 ～ 25cm で互生、多肉質。花期は７～８月、茎頂付近の葉腋にトランペット状の黄緑色の花を総状花序につけます。蒴果は長さ 15 ～ 30cm で３稜の円柱形、インゲンマメの莢(さや)に似ているのでバニラビーンズともよばれます。

種小名の planifolia とは扁平な葉という意味です。ラン科は有名ですが、バニラがラン科であることを知っている人は案外少ないかもしれません。

薬用部分は果実で、黄変しかかった頃に採取し、午前中日光に当て、午後は布で包み、夜間気密室で発酵させ、２か月をかけて徐々に乾燥させます。生の状態ではバニラの香りはしません。芳香成分のバニリンを１～ 3%、精油、脂肪油などを含有します。

月経不順、解熱、鎮痛、芳香性駆風薬、催春薬、ヒステリーなどの薬にしますが、大量にあつかうとカブレを起こすことがあるといいます。薬、食品香料以外にもシャンプー、リンス、石鹸、香水などにも多用されています。

温室栽培でも 15 ～ 30℃が必要で高湿度も要求し、また日光に当てて通風も良くする必要があります。

日本で栽培すると花粉を媒介する昆虫がいないので受粉できず、人工受粉させないと結実させることができません。栽培現地でも収量上昇のために人工受粉の作業をしているようです。ラン科であるので花粉は花粉塊という大きい塊の形をしています。

肥料も油粕、骨粉などを要するといいます。

インドやマレー半島では同属の V. griffithii の葉を解熱剤、育毛剤として使い、マダガスカル島では V. madagascariensis の茎を煎じて強壮薬として使っているそうです。

ハマゴウ

Vitex rotundifolia

本州、四国、九州、沖縄、台湾、中国、朝鮮半島、東南アジアに分布する落葉低木です。

樹高 30 ～ 60cm、葉は対生し楕円形です。

夏の砂浜で絨毯のように地面を覆い、砂の中に根を張り巡らせて地上に枝先を出し、紫色の唇形花を円錐花序に咲かせます。白い砂浜に地上に直立する茎の頂に花を咲かせる様子は美しく映えます。

薬用部分は果実で生薬名を「蔓荊子」といいます。成熟した種子を採取し乾燥させます。

成分には精油成分として α - ピネン、カンフェン、テルピネオール酢酸エステル、フラボン誘導体のビテキシカルピンを含みます。

頭痛、感冒、鼻閉、中耳炎、口渇、のどの病、関節痛、解熱、強壮、駆瘀血に用い、清涼剤としても用います。浴湯料にもされ皮膚炎、神経痛、手足のしびれ、ひきつけに良いといわれています。

葉にもカスチシン、ルテオリン - ワーグルコシド、精油などを含有し、打撲傷、腫れもの、出血などに使用されます。

果実を集めて枕を作ると良く眠れるといいますが、枕にするほど果実を集めるのはなかなか大変でしょう。

漢方では蔓荊子湯、滋腎明目湯などに配されていて、『神農本草経』にも記されています。

繁殖力は旺盛で、挿し木、取り木、実生などで良く増やせます。地中で良く伸びる枝は柔軟で、地中にも長く延び、砂が風で流れるのを防ぎ、砂防の役に立ちます。

ハマゴウの属にはニンジンボク V. cannabifolia が中国中南部にあり、薬用にされています(91頁参照)。

また南ヨーロッパにセイヨウニンジンボク V. agunus-castus があり全株に香気があり、同じく利尿、感冒、男性の制淫、更年期の抑うつなどの薬用にされています。

ハラン

Aspidistra elatior

中国中南部の原産で、庭の隅などに植えられている常緑の多年草です。長い葉柄に大きな長い楕円形の葉をつけて根生します。根茎は地中を横に這っていきます。

2～5月頃、根茎に接して花茎の短い筒型の暗紫色の花を単生し、のちに緑色の球形の液果をつけます。

身近な植物ではありますが、花や実を見かけた人は意外に少ないと思います。私もその気になって探してみますが、なかなか見つけることができません。

花粉の媒介はカタツムリ、ナメクジなどによって行われ、カンアオイ、オモトなどと同様です。

薬理作用、効果については詳細不明ですが、民間的には利用されています。

薬用部分は全草で、年中いつでも採取できます。根茎、葉、花、果実、種子を煎じて服用すると肺結核、肋膜炎、強心利尿、喘息に良いといわれています。また止血剤として肺結核、潰瘍、出血、血便に有効，葉を煎じて服用すると頭痛、腹痛に良い、生の根茎をすりおろして酒で服用すると淋病に良いなどといわれていました。

中国では活血、通経、止血、利尿に使われています。

成分はサポニンのアスピジストリン、ジオスゲニンのほか、ブドウ糖、ガラクトースなどを含んでいます。

日本では料理、特に寿司の飾り付けとして切り込み細工をして良く使われています。

繁殖は春先の株分けが良く、耐寒性、排水性の良いあまり肥沃でない半日蔭を好み、生命力は旺盛です。

俗名にバラン、バラー、ヒロハ、ヒトツバなどがあります。

花の写真は静岡薬科大学の植物研究会 OB 会のメンバーに提供して頂きました。

ヒトツバ

Pyrrosia lingua

本州南関東以西、四国、九州、沖縄、朝鮮半島、台湾、中国南部、インドシナの暖地に分布します。岩の上、樹上などに群生する乾燥に強い常緑性のシダです。

根茎は針金状、長く匍匐(ほふく)し茶褐色～赤褐色の鱗片を密生、長さ 10 ～ 30cm の単葉で革質で、厚みがあります。表面は深緑色、裏には白褐色の星状毛を密生します。栄養葉と胞子葉は別々に出ます。胞子葉は栄養葉より細く、葉の裏全体は胞子嚢に覆われています。

薬用部分は葉で、摘み取って日干しにして使用します。

生薬名を「石韋(せきい)」といいます。

β - シトステロール、フラボノイド、サポニン、アントラキノン類、タンニンなどの成分を含有します。

利尿、防腐の作用があり、消炎、止血、口内炎、喀血、扁桃腺炎、百日咳、腎炎、むくみ、膀胱炎、尿道炎などに煎じて使われます。

葉の黒焼きを粉にし、ゴマ油と練って腫れものにつけたり、切れ痔、切り傷の出血に粉末をそのまま患部につけます。

中国では根を尿路結石、腎炎の治療に用いています。

盆栽にして観賞用にされ、特に栄養葉の上部が掌状に裂けたシシヒトツバは珍重されています。

ウラボシ科は世界に 50 属、約 1000 種が熱帯を中心に分布し、日本には 15 属 50 種が自生します。うちヒトツバ属はアジアの熱帯を中心に約 50 種があります。

日本に自生するイワオモダカ P. tricuspis や台湾に自生するモミジヒトツバ P. polydactyla など、鉢植えにされて観賞用に栽培されているものもあります。

ビナンカズラ

Kadsura japonica

マツブサ科はシキミ科と共に以前はモクレン科に入れられていました。しかし、葉鞘、托葉が無く、果実は液果、花粉が3溝粒、花の有様、つき方などから別科とされました。

熱帯アジアと東アジアに2属、30種があり、日本には2属3種があります。北アメリカにも少数あります。いずれもつる性の木本で、Kadsuraの属名は日本語の「かずら」をラテン語化したものです。

ビナンカズラは、本州関東以西から沖縄、台湾、中国に分布し、暖帯の山地に植生します。生垣などにも利用されている常緑のつる性木本。雌雄異株といわれていますが、同株の場合も多いようです。稀に両性花をつけることもあります。

茎の太さは2～3cmにもなります。葉は厚く、表面に光沢があり、柄がつき、互生で楕円形です。葉腋に7～8月に薄黄色の花を下垂させ、果実は液果で小球状に集まってつき、10～11月に赤く熟して美しく、観賞用にもされます。

薬用部分は果実で、生薬名を「南五味子(なんごみし)」といいます。花托を除いて果実のみを乾燥します。

果実にリグナン類のアセチル--ビナンカズリンA、アンゲロイル－ビナンカズリンA、カプロイル－ビナンカズリンAが含まれ、枝の粘液にキシログルクロニドを含有します。

鎮咳、去痰、止瀉、滋養、強精、強壮に使用します。

古くは武士が葉、茎の粘液を整髪料として利用したのでビナンカズラの名が付いたようです。サネカズラの別名もありますが、これは実の美しさから名付けられたといわれています。

また粘液をひび、あかぎれにグリセリン少量を加えて塗っても有効といいます。

外皮や葉の煎液で洗眼するとただれ眼に良いともいわれています。

日本のマツブサ科の植物には、マツブサ Schisandra repanda と前著（91頁）で紹介した薬用にされるチョウセンゴミシ S. chinensis があります。「南五味子」の名はチョウセンゴミシと区別する意味の名前で、共に赤い実が美しい植物です。

ヒマワリ

Helianthus annuus

ヒマワリの原産地は北アメリカの中西部ですが、原種の花は小さく、交配によって今の大型の品種ができあがりました。北アメリカの原住民の間で種子を食べ、花頭部を野菜として食べるために栽培が始まり、ヨーロッパに伝えられ、ロシアで品種改良が進んで逆にアメリカへ戻ったといいます。

向日葵の名のように若い茎や咲き始めの花は、太陽の動きを追って回りますが、良く咲いた花は一定方向を向いて、もう回りません。

普通見られるヒマワリの茎は直立し、高さ1.5mにもなり卵形の大きな葉を互生し、茎の先端に8～9月頃大きな頭花を横向きにつけます。花の直径は10～30cmになり周辺の舌状花は飾り花で中性花、中の筒状花は両性花で果実をつけます。

園芸品が多種できていて、花粉を散らさない品種や、筒状花が全て舌状花に変化したもの、高さが40cmにしかならない矮性のものなどがあります。

ヒマワリ属は100種ほどあり、北アメリカに分布し、1年草から多年草まであります。ヒメヒマワリ H. debilis や白い綿毛に包まれたシロタエヒマワリ H. argophyllus などが導入されています。宿根性のヤナギバヒマワリ H. salicifolius などもあり、食用にされるキクイモもこの属に入ります。

種子に30～50％の油を含有し、食用のサラダ油や工業用に重要です。ヒマワリ油は世界で生産される油の中でダイズ油、パーム油、ナタネ油についで第4位を占めています。

薬用部分は種子で生薬名を「向日葵子（こうじつきし）」といいます。葉、花を8～11月に採取して日干しにします。

種子にリノール酸、リノレイン酸、ミリスチン酸パルミチン酸、ステアリン酸、オレイン酸などの脂肪油を含み、葉にはアスパラギン酸、タンパク質を含み、花にはキサントフィルが含まれます。リノール酸はコレステロールを下げ、動脈硬化を防ぎます。葉は民間で苦味健胃薬、利尿薬、花を風邪のときの解熱薬、のぼせ、めまいの薬として使われました。種子は炒って酒のつまみや、お菓子になったりもします。

鑑賞用にも各地で多用されていて、ファン・ゴッホはヒマワリを愛し、その絵は十数枚あり、彼の作品の中でも有名です。

ヒメハギ

Polygala japonica

ヒメハギ科は世界に17属、約1000種あり、温帯から熱帯にかけて広く分布しますが、ニュージーランド、ポリネシアには分布がありません。日本にはヒメハギ属とヒナノカンザシ属の2属があります。ヒメハギは、マメ科のハギに似た紫紅色の花を草丈10～20cmの細い茎の上、総状花序にまばらにつけます。

蝶形の花は一見マメ科の花に似ていますが、マメ科では旗弁、翼弁、竜骨弁からなりますが、ヒメハギでは旗弁がなく、翼弁に見えるものは萼片であるといいます。3枚の花弁が合着して上側に裂け目のある筒状になり先端がブラシ状の房になっていて、大変美しく見えます。

低山の乾燥した明るい斜面に生える常緑の多年草で、北海道から沖縄、東南アジアに分布します。細いですが丈夫な茎、根をもっています。4～5月に開花、夏には閉鎖花をつけます。

ヒメハギ属は、世界に約500種が温帯に分布します。Polygalaとは「多い乳」の意味のラテン語で、牛に与えると沢山乳を出すということからだといいます。

薬用には北米のセネガ P. senega や中国のイトヒメハギ P. tenuifolia、日本のヒメハギが知られていて、全て根を鎮咳、去痰に使います。

根にトリテルペノイド系のサポニン、樹脂、ポリガリトールが含まれ、のどの粘膜を刺激して気管支からの分泌液を増やし、痰を薄めて排出しやすくする作用があります。

Polygala 属で日本で薬用に栽培しているのは北米のヒロハセネガ P. senega var. latifolia でセネガと同一の成分、効果で区別なしに使用しています。

日本での栽培は北海道、兵庫県などで盛んで地区をあげての栽培をしています。

ヒメハギは生薬名を「和遠志」とか「竹葉地丁」といいます。根を煎じて服用すると強壮、利尿、去痰、吐下剤、蛇に咬まれた傷に有効、また健忘症、陰萎、夢精、健胃、化膿、近視などに良いといわれています。漢方では補心湯、遠志円、養神丸などに配されています。

同科異属のヒナノカンザシ Salomonia oblongifolia は、岡山の植物研究会の会合で瀬戸内海の小島へ行った折、見かけ撮影。しかし被写体が小さく上手に撮れませんでした。薬用にはされていないと思います。

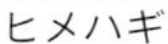

ヒメハギ

ヒナノカンザシ

セネガ

ヒヨドリジョウゴ

Solanum lyratum

北海道から九州、沖縄、朝鮮半島、中国、台湾、インドの山地、山麓、野原、道端に生えるつる状になる多年草です。枝には密に軟毛が生え葉柄で何かに巻きつきながら伸びていきます。葉は互生、卵形で下部の葉は2～3裂して、8～10月に白い小さな花を数個、葉の反対側からまばらに枝分かれしてつけ、のちに赤く可愛い直径8mm位の実をつける姿はきれいです。

薬用部分は全草で生薬名を「白英(はくえい)」、「白毛藤(はくもうとう)」といい、果実をつけたままの全草を採取し、水洗、日干しにします。

全草にステロイド系アルカロイド配糖体のソラニン、ソラニジン、ソラズルシン、トマチデノール、α-、β-ソラマニンなどを含有し、有毒アルカロイドです。

内服は頭痛、嘔吐、下痢、瞳孔散大等を起こし、運動中枢、呼吸中枢が麻痺し死に至るので厳禁です。

ソラニンは強毒性で、ジャガイモの芽や芋が日に当たって緑になった所に濃縮されています。埼玉県の小学校で栽培の実習をして食べたジャガイモで、273人のうち99人が嘔吐腹痛を起こす事故がありました。ソラニンが形成されて危険になります。

ヒヨドリジョウゴは皮膚病一般に有効として、疥癬、シラクモ、うるしかぶれに使用しますが、外傷があって血液中に入る可能性がある時は使用してはいけません。全草を採取し細かく刻んで、食酢に漬けたものを患部に当てると帯状疱疹に有効といいます。

中国では抗腫瘍効果ありということで各種のがんの治療にも用いているとのことです。

仲間にヤマホロシ S. japonense、マルバノホロシ S. maximowiczii、イヌホオズキ S. nigrum、メジロホオズキ S. biflorum、北アメリカ原産のワルナスビ S. carolinense、熱帯アメリカ原産のキンギンナスビ S. ciliatum は日本の温かい地方に帰化しています。

ヨーロッパに分布する S. dulcamar は古い時代には皮膚病、喘息、気管支カタルに使われた歴史があるようです。

フジウツギ

Buddleja japonica

フジウツギは東北地方から兵庫県にかけて、主として太平洋側と四国の山地の川岸などに分布します。

高さ 1.5m 位になり、幹は多数分枝し、枝が角ばり、稜上に翼がある落葉低木です。夏に林縁などで細長く垂れ下がった円錐花序に紫紅色の唇形花を多数つけます。10 ～ 20cm の長楕円形で毛深い葉を対生させます。

サポニンなどを含む有毒植物で魚を麻痺させる力があるので酔魚草の名があります。浮き上がった魚も有毒になり、食用にできないとのことです。

フジウツギ属は東アジア、東南アジア、アラビア半島、東アフリカ、南アフリカ、中央南アフリカに 100 種ほど分布しています。

フジウツギ科は熱帯、亜熱帯に分布し 10 属、150 種があります。

日本にはフジウツギと、四国南部、九州南部、稀に沖縄に分布するコフジウツギ B. curviflora があります。花が美しいので同属他種との間で雑種が多数作られ、園芸品種になっていて公園などに植えられています。

薬用部分は茎と葉で採取して乾燥させます。全株に刺激性の精油、アルカロイド、サポニンを含みますが、精査はされていません。

有毒で誤食した場合、嘔吐、腹痛、呼吸困難、四肢の麻痺などを起こします。

中国では同属のトウフジウツギ B. lindddleyana を「酔魚草」といい、風邪薬、咳止め、痛み止め、殺虫薬として用いたといわれます。しかし漢方にも民間薬にも用いられた記録はありません。魚と共に煮ると魚の骨を軟らかくするといいますが、有毒植物なので試みないほうが良いと思います。

茎葉を煎じて服用すれば慢性のマラリアに有効といい、煎じて服用すると魚の毒を除くなどといわれますが、これも有毒植物故、試みないほうが良いです。

実生または挿し木で繁殖できます。中国中部から西部が原産のフサフジウツギ B. davidii は公園などで良く栽培されています。

フタバアオイ

Asarum caulescens

本州、四国、九州、中国の四川省に分布し、湿った山地の林下に植生する多年草です。

茎は多肉質、平滑な円柱形、地上を匍匐し、葉は茎の先端に2枚が接近して互生し、ハート型で先は尖り、3～4月に葉の間から花柄に淡紅紫色の花を1個下向きにつけます。

薬用部分は根茎と根で生薬名を「土細辛（どさいしん）」といいます。

開花期に掘り上げて乾燥します。

1.4％の精油を含み、アサリニン、アサリルケトン、メチルオイゲノール、サフールなどを含有します。

咳、発汗、胸痛などに用います。

フタバアオイの名は、1株に2枚の葉が出るところから付けられたもので、徳川家の紋章はこれの葉を3枚組み合わせたもので、水戸黄門の印籠「葵の御紋」で有名です。

フタバアオイ属Asarumは中国中南部、台湾、日本など東アジアで数十種が知られ、ヨーロッパに1種、北アメリカに十数種が分布しています。

別属にされていますが、春の女神といわれるギフチョウの食草のカンアオイ Heterotropa nipponica が有名です。

この仲間は草丈も低く、花も地際に隠れるように咲き、気づかれないこともありますが、葉の変異、花の変異が地味ながら面白く、山草愛好家によって鑑賞用に愛培されるものも沢山あります。

フタバアオイ

カンアオイ

ホオズキ

Physalis alkekengi var.franchetii

ホオズキは東アジア原産の多年草で、地下茎でも殖え、高さ 60 ～ 90cm の直立した無毛の茎を群生させます。広卵型の荒い鋸歯のある葉を互生し、6 ～ 7 月に葉腋に薄黄色の 1.5cm 位の花をつけ、花後、萼が伸びて果実を包みます。

8月頃に果実ができ、袋状の萼が赤く色づき提灯のように見えるので「鬼灯」と書かれ、お墓や仏前に供えられます。東京浅草寺の縁日の7月10日とその前日に「ほおずき市」が立ちます。これはホオズキが腹痛や解熱の薬として利用されてきた風習の名残りであるといわれています。

薬用部分は全草、根、果実で水洗い、日干しにします。

全草にフィサリン -A、B、C、フィサリエン、フィソキサンチン、ネオ - β - クリプトキサンチン、オウロキサンチンルテオリン、クロロゲン酸、クエン酸などを含有します。

強心作用、血圧を初期に上昇、後に下降の作用、抗菌作用、鎮咳、利尿、子宮収縮の作用等があり発熱、黄疸、めまい、肩こり、水腫、扁桃炎、湿疹、月経不順、月経閉止、こしけ、乳汁不足、難産、産後の子宮出血などに用いられました。

煎汁で洗浄すると痔に良いともいわれています。

ホオズキは鑑賞用にも栽培されていて、果実の大きいタンバホオズキ、鉢植用の矮性のチャボホオズキなどの園芸品があり、熱帯アメリカ原産のセンナリホオズキ P. angulata、ヨーロッパ南部から中央アジアに分布する基準変種のセイヨウホオズキ P. a. var. alkekengi などがあります。

ホオズキの果実の中味を上手に抜いて、口に含んで鳴らして遊ぶ風習は、現在の子供たちの間でまだ残っているのでしょうか。

ホオズキの仲間でシマホオズキ Physalis peruviana といわれるものが食用にされ、南アメリカ原産でベネズエラからチリにかけて栽培されています。

甘酸っぱい味で、ビタミン A を多く含み、果実をそのまま生で食べたり、ジャムにしたりします。我が猫の額の庭でも栽培できて賞味してみました。

ホオノキ

Magnolia obovata

ホオノキといえば私にとっては一番身近に思うのが版画を彫る版木と学生時代の朴歯の下駄です。年賀状もすべてパソコン頼りになって版画も彫らなくなって久しいですし、下駄もしばらく履いたことがありませんが…。

ホオノキは高さ25m、幹の周囲が1mにもなる落葉大高木で、南千島から九州、中国の温帯から暖帯の肥沃な谷地に植生します。葉は枝先に集まって互生し、5～6月に枝先に大型で直径15cmの薄黄色の芳香のある花をつけます。

芳香のある花といっても、通常ホオノキの花は高い枝の先に咲くので嗅いだことはなかったのですが、八ヶ岳近郊のジミック薬用植物園へ見学に行った時、ハシゴをかけて見学者全員に香りを経験させて頂きました。粋なおもてなしでした。

材は良質で建具、漆器の木地、箱もの、下駄の歯、ピアノの鍵盤、彫刻材、刀の鞘にされます。また古くには葉を食品を盛る器にしたり、餅を包んだり、朴葉味噌を作るなどに利用し、大変生活に密着した植物です。乾かした葉を水に浸して、味噌を包んで焼いたものが朴葉味噌です。五平餅に塗ったりして食べます。

薬用部分は樹皮で生薬名を「和厚朴(わこうぼく)」といいます。果実も煎じて利用します。

樹皮にアルカロイドのマグノクラリン、マグノフロリン、リリオデニン、アノナイン、リグナン類のマグノロール、ホオノキオール、テルペン類のα、β、γオイデスモールなどを含有します。

弱いクラーレ様作用、神経節遮断作用、アドレナリン増強作用が見られます。

収斂、健胃、利尿、去痰、腹痛、下痢、吐き気止め、駆虫薬などに用いられました。

果実を陰干ししたものを淋疾、神経痛などの薬として利用しました。

ホップ

Humulus lupulus

前著 14 頁でアサをクワ科として紹介し、その中でアサ科とする見解もあると書きましたが、ここではアサ科とします。理由は単純、『牧野和漢薬草大図鑑』にアサをクワ科に、ホップをアサ科で記載してあるからです。

アサ科を独立させるとこの科には２属３種のみの科となります。前巻のアサと Humulus 属のホップとカナムグラで、ホップの変種のカラハナソウ H. l. var. cordifolius があります。環境庁自然保護局の植物目録ではカラハナソウをクワ科にしていますので当然ホップもクワ科の見解でしょう。少し混乱があるようです。

ホップは西アジア原産で日本では中部以北で栽培されている、つる性の多年草です。

茎にかぎ状の毛があり７～10 mに伸び、葉は掌状に裂けて長い柄があります。雌雄異株で７月頃雄株では小さな黄色い花を円錐花序につけ、雌花は苞が重なり合ってマツカサ状になり各苞に２個のレンズ状のそう果をつけます。結実すると芳香が失われるので栽培地では雌株だけを栽培しています。

薬用部分は果穂で８～９月に球果を摘み取り、風通しの良い所で乾燥し、布の袋に入れ振ると苞の内側にある顆粒が外れて落ちてくるので、これを集めてホップ腺とよびます。

ホップ腺にはフムロン、ルプロン、コフムロン、コルプロン、クエルシトリン、精油の α、β - フムレン、ミルセンなどを含有します。

ホップ腺は芳香性苦味健胃薬、鎮静薬、利尿薬として利用されます。またビールの苦味をつけ、腐敗を抑え、濁りを抑え、泡立ちを良くする作用があります。そちらの方でお世話になることの方が多いでしょう。良い薬です。

同属にカナムグラ Humulus japonicus があり、これも利尿、解熱、淋疾などの薬用にされますが、昨今では花粉症の原因植物の一つとして有名になっています。

コラム

＊花粉症の原因植物＊

花粉症を含むアレルギー性鼻炎の患者は人口当たり10～15％になるといわれています。北アメリカではブタクサが主犯、ヨーロッパではカモガヤ、そして日本ではスギとこの3種を世界3大花粉症とよぶ人もいます。

今では研究も進み60種余の植物の関与が発表されています。

花粉症を起こす植物には、①おおむね風媒花粉である　②花粉を大量に生産する植物である　③花粉が軽く、遠くまで飛散することができる　④広範囲に、密にその植物が植生している　⑤花粉症を起こすアレルギー物質を含有している、といった条件を備えたものが犯人になります。花粉が原因ですから、当然その植物の開花時期が発症時期になります。

厄介なことにアレルギーになり易い体質の人は重複して、多数の植物の花粉症になることも多々あります。マスク、メガネ、帽子などで花粉との接触を防いだり、取り込んでしまった花粉は上手に取り除く工夫、努力が要ります。原因植物の除去を考える人もいますが、一つの植物でも世の中から消すことは並大抵のことではありません。

それでも兵庫県で崖の土砂崩れ防止に人工的にハンノキ属の植物を多用していたのを止めさせ、伐採させた兵庫医大の耳鼻科の医師の活動には驚きと敬意を感じます。

コラム

＊風媒、水媒花粉について＊

植物は受粉を受けることによって子孫を残すことができます。良く目にするのは蜂や蝶によって行われる虫媒ですが、次いで有名になっているのは花粉症を起こすことで知られるスギ、ヒノキなどで行われる風媒でしょう。このほか鳥やコウモリ、カタツムリ、ナメクジなどの動物によるもの、水の流れを利用して行われる水媒などがあります。

水媒を行う植物には、日本語で最も長たらしい俗名の「リュウグウノオトヒメノモトユイノキリハズシ」を持つ、標準和名「アマモ」があります。この植物は海岸に近い海底に植生し、魚類の隠れ家、産卵場所などとなり海の豊かさの象徴でもあります。

この植物の花粉ですが、名前が長いだけでなく、花粉も大変長く水中で拡散する中で雌蕊（めしべ）にからみつくのに合理的な糸状をしていて長さは2000μmもあります。水の流れに乗って雌蕊にからみつくのに都合が良い形態です。

風媒花粉はブナ、シイ、イチョウ、カバノキ科のハンノキ、シラカバ、そしてキク科のブタクサ、オオブタクサ、イネ科の植物などに多く見られます。風媒花粉の植物たちは虫を誘って花粉を輸送してもらう必要がないので蜜も出さず、美しい花弁も持ちません。長い穂、細い枝先につくなどで、風に揺られて花粉を遠くまで飛ばせるような形になっています。また多くは群生して、花粉の授受の成功率が高くなるようになっています。

このようにして花粉を大量に飛ばすことで人間に花粉症を起こすメカニズムができ上がります。迷惑な植物として眼の敵にされますが、人間の都合で絶滅させるのは容易なことではありません。兵庫県で実施された、人為的植生を止めることは大切ですし、英断でした。

マムシグサ

Arisaema serratum

北海道から九州、朝鮮半島、中国、千島列島まで広く分布しています。

やや湿り気のある山林内の日蔭を好む多年草で、地下に直径5cm位の球茎があり、球茎の上にひげ根を沢山、四方に広げます。また偽茎を球茎の中央部から出し50～80cmになります。茎全体に紫褐色ないし赤褐色の斑点があり、マムシに似ているとしてマムシグサといわれています。長い柄を持つ大小の2枚の鳥足状の複葉をつけ、小葉7～15枚をつけます。

5～7月に葉の間から伸ばした軸の上に、淡青色または紫褐色に白い縦じまの入った仏焔苞に包まれた肉穂花を開きます。秋に液果の果実を赤く熟させます。

薬用には球茎を使い、生薬名を「天南星（てんなんしょう）」といいます。

澱粉、サポニン、アミノ酸、安息香酸、シュウ酸などを含有します。

漢方では去痰、鎮痙の薬として処方に配されています。

民間では腫れもの、肩こり、リウマチ、胸痛などに外用します。ミズムシの初期にはまず患部に酢をつけ、ついで球茎の生汁をつけると良いといいます。

有毒であり、民間使用としての内服使用は避けるべきです。

テンナンショウの属は世界に150種、日本にも約30種があるということです。

ウラシマソウ A. urashima（25頁参照）、ムサシアブミ A. ringens、コウライテンナンショウ A. peninsulae なども同様の利用をします。ユキモチソウ A. shikokianum は花の形態が美しく観賞用にも栽培されています。このように観賞用に栽培されているものも沢山あります。

マンネンタケ

Ganoderma lucidum

キノコの１種で、有柄で腎臓型の傘、表面がクリーム色から赤褐色でニスを塗ったような光沢があります。傘の裏は白色からレモン色で微細な管孔があります。

北半球に広く分布し、広葉樹の枯れ木、切り株、生木の根元に生えています。

中国では古くから不老長寿、健康維持、疾病の予防の効果があり、また吉兆、幸運をもたらす力があるとして詩、文学、戯曲、絵画、彫刻、花材、装飾品、観賞用などにシンボル化されて登場する植物です。

長く服用すれば身も軽く不老となり、仙人に近づけるといわれていました。『神農本草経』にも上薬として扱われていて、道教の教えとも合致し、道士によって採取されていたといわれています。

近年ではホダ木による人工栽培が可能になり、流通しています。発芽から３ヵ月で収穫できるということです。

薬用部分は子実体で生薬名を「霊芝(れいし)」といいます。

夏から秋に全株を採取、そのまま、あるいは刻んで日干しにします。

成分としては非還元性２糖類のトレハロース、ステロイドのエルゴステロール、マンニトール、有機酸、樹脂などを含有します。

血圧降下、利尿などの作用があり、連鎖球菌、ブドウ球菌に抗菌作用があり、強壮、鎮静、更年期障害、不眠症、神経衰弱、老人性気管支炎、肝疾患、消化不良に用い、抗ガン作用の研究もされたようです。

漢方では紫柴丸などに配されています。

姿形の良いものもあり、乾燥すれば保存もきき、美術的鑑賞価値もあります。

筆者が学生時代に山で採集した、姿、形、色具合の良いものを、今は亡き人間国宝の陶芸家に所望され差し上げたことがあり、床の間の飾りにされたようです。

ミソハギ

Lythrum anceps

ミソハギ科は小さな科で約26属、580種からなり、寒帯を除いて世界中に広く分布しています。うちサルスベリは美しい花で有名で、あちこちに植栽されています。

ミソハギ属はユーラシア、アフリカ、北アメリカに35種が分布しています。

ミソハギは北海道、本州、四国、九州、朝鮮半島、中国東北部、北部に分布し、原野、山麓の湿地に群生し、時に観賞用、また仏教でのお盆の供花にされたりする多年草です。

そのために俗名でボンバナ（盆花）とか、ショウリョウバナ（精霊花）などともよばれたりします。

ミソハギとは禊に用い、ハギに似た花ということからミソギハギがミソハギに変化したようです。

草丈1m位になり、茎は地下茎から直立し、葉は対生、ほとんど無柄で皮針形、7～8月に紅紫色の花を苞葉の腋に輪生状集散花序につけます。

薬用部分は全草。生薬名を「千屈菜（せんくつさい）」といい、花の終わりかけの時期に全草を採取、水洗いし、日干しにします。

全草にアルカロイドのリトラニン、リトラニジン、リトラミン、タンニンのガラナチンA、B、配糖体のサリカリン、澱粉、ブドウ糖、果糖を含有します。

止血、収斂作用があり、また赤痢菌、大腸菌、チフス菌に抑制作用があります。収斂性止瀉、止血、解熱などに使用されます。

エゾミソハギL. salicariaも同様の成分を含有し、同様に使用され、中国ではエゾミソハギの方を上質として使用しているようです。

エゾミソハギは茎に毛が多く、葉の基部が茎を抱くので区別できます。

ミブヨモギ

Artemisia maritima

ミブヨモギはヨーロッパ南部、中央アジアの原産であり、各地で栽培され、薬用にされている多年草です。

日本には昭和の初期にドイツから導入されました。

戦前の日本では農耕に人糞を肥料として使用していたため、回虫の保有者が多く、その駆除のためのサントニンが大量に必要となり、原料の植物の確保が急がれていました。

サントニンの原料として旧ソ連のキルギス共和国で栽培されるシナヨモギ A. cina の蕾を輸入していましたが、当時のソ連はこれの種苗を国外禁輸にしたので、各国で起源植物の探求が始まりました。

日本では南ヨーロッパからミブヨモギを導入し、品種改良に励んで蕾だけでなく全草に多く含まれるものを作り出しました。北海道などで栽培し最盛期には年産6トン、そのうち3トンを輸出するまでになり、戦後の回虫駆除に大いに役立ちました。しかし化学肥料の普及がすすみ、回虫保有者が少なくなり需要は激減しました。

シナヨモギ、クラムヨモギ A. kurramensis、ニガヨモギ A. absinthium にもサントニンが含有されています。

日本が戦後の食糧難、低栄養に悩まされている頃の回虫駆除は大問題でした。この解決にミブヨモギの品種改良は大いに役立ちました。それは（株）日本新薬の植物研究所の成果です。

同属のニガヨモギは、一時洋酒のアブサンの原料として重要でしたが、飲み過ぎると成分のハルシノゲンの作用で神経麻痺を起こすので、大正4年（1915）以降、製造禁止となりました。最近では違うヨモギの仲間を使って作られているようです。

そのほか Artemisia の多くの種類が薬用に供されています。

ミョウガ

Zingiber mioga

ミョウガはショウガ科に属し、ショウガと同属ですが、根茎はショウガのようには肥大しません。

熱帯アジア原産で山地林野の樹木の下などに生え、民家の庭、畑などで栽培されています。

草丈40～100cm、根茎は多節、多肉で横に広がり茎は1年生で、葉は多数つきます。

8～10月に開花、根茎から直接鱗片のある茎を出し、苞葉の間から淡黄色のきれいな花をつけます。

花穂を薬用にしますが、身近な利用法では花穂を漬けもの、薬味、汁の実など食用に使い、香りを楽しみます。

薬用には花穂、根茎、茎葉、若芽などを水洗、陰干しにして使います。

芳香性辛味成分としてα-ピネンなどを含有します。

根茎を腎臓病や生理不順、月経痛、凍傷に使い、凍傷の痒みには根茎と葉を使います。消化促進、神経痛、リウマチに花穂、若芽、茎を煎じて服用したりすると良いといいます。

神経痛、リウマチにはミョウガを薬味やつまとして、また酢の物、和えもの、サラダなどにして生で食べるのも効果ありといいます。

乾燥した茎葉を浴湯料とすると痔、婦人の冷え症からくる痛みに良いといいます。

ミョウガを沢山食べると物忘れするようになるといって、落語にも、強欲な宿の主人が、客が財布を置き忘れて帰らぬかと企んで、ミョウガ尽くしの料理を出したところ、宿の勘定を払うのを忘れて帰ってしまったという噺がありますが、食べても健忘症にはなりません。物忘れさせる薬にはならないようです。

ムクロジ

Sapindus mukurossi

ムクロジ科は144属、1300種以上が熱帯、亜熱帯を中心に分布します。多くの種類が有毒なサポニンを含み、組織に樹脂や乳液を含む特別な細胞をもっているものが多いです。

仲間のリュウガン Dimocarpus longan やライチ Litchi chinensis ssp. chinensis、ランブータン Nephelium lappaceum などは果物として有名です。身近な植物としては、フウセンカズラ Cardiospermum halicacabum や街路樹にされるモクゲンジ Koelreuteria paniculata があります。

ムクロジは本州の中部以南、四国、九州、済州島、台湾、中国、インド、ネパール、インドシナに分布する落葉高木です。

樹高15～20mになり、黄褐色で滑らかな樹皮です。葉は大形で互生、羽状複葉、5～8枚の広皮針形の小葉をもち、夏に枝の先に円錐花序に淡緑色の小さな花をつけます。果実は直径2cm位で秋には黄か黄褐色になり、黒くて硬い種子を中にもっています。

薬用部分は果皮で生薬名を「延命皮（えんめいひ）」といいます。

秋に果実を取り、種子を除いた果肉を陰干しして乾燥します。

ヘデラゲニンをアグリコンとする多数のサポニンを含有します。

果実には溶血および呼吸麻痺を起こす作用があります。

果皮は強壮、止血、去痰、咳止め、健胃、駆虫に、花は充血を去ったり、止痛などに使います。昔は果皮を洗剤の代わりとして洗髪、洗濯、書画等の汚れ落としに使いました。

また正月の羽つきの球としたり、数珠に加工したりしました。

メギ

Berberis thunbergii

メギは関東以西、四国、九州、中国に分布します。

樹高 1.5 ～ 2m になり、茎は多数に分枝し互生で短枝に叢生し、節には葉が変形した棘針があり、枝は褐色で縦に明瞭な稜が走っています。葉は倒卵形～楕円形で長さ 1 ～ 3cm、葉柄はありません。4 月頃、総状ないし散状に淡黄色の径 6mm 位の花を下向きにつけ、萼片 6 枚、花弁も 6 枚。秋には楕円形の液果を赤く熟してつけます。

薬用部分は木部と根で春、秋に採取し水洗い、日干しにします。

アルカロイドを含有し多量のベルベリン、オキシベルベリンなどを含んで味は苦く、殺菌、苦味健胃、整腸、食欲増進、リウマチ、神経痛、黄疸、肋膜炎、腸炎、口内炎、婦人病に使われます。葉や茎の煎液を結膜炎などの目薬にもしました。そのためにメギ「目木」の名が付けられました。メギの箸で食事をすると眼病に良いといいます。

トゲが多いので小鳥が止まれないという意味で「コトリトマラズ」、またほかに「ヨロイド

オシ」「メグスリノキ」などの別名があります。

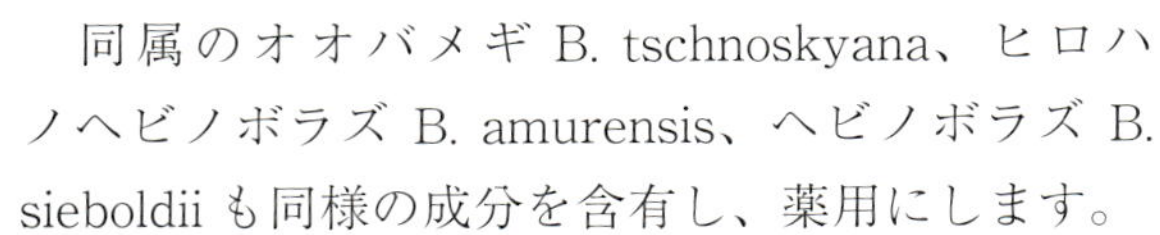

同属のオオバメギ B. tschnoskyana、ヒロハノヘビノボラズ B. amurensis、ヘビノボラズ B. sieboldii も同様の成分を含有し、薬用にします。

メギ属 Berberis は世界に 500 種位あり、特にヒマラヤ地域に多くみられます。

棘があること、赤い実がなることを利用して生垣として庭に植えられることもあり、刈り込みにも強く丈夫です。また黄色の染料としても使われます。

コラム

＊養命酒＊

慶長（1596 ～ 1615）の初期のこと、雪の降る寒い夜、信州伊那の庄屋、塩沢宗閑の屋敷に行き倒れの老人が担ぎ込まれました。手厚い介抱の甲斐あって元気を取り戻し、山人の人情と風景、宗閑の人柄にほだされ 3 年間も逗留してしまいます。やがて辞去する時、礼に薬酒の製法を宗閑に伝授していきました。旅人は本草学者の伊藤恕雲であったといいます。

宗閑は手飼いの牛にまたがり山奥まで入り、恕雲の教えた薬草やマムシを集め薬酒の醸造を行いました。完成したのが「養命酒」で竹の筒に入れて人々に分け与えたといいます。

生きたマムシを酒に浸して 2000 日地下で保存したのち、薬草を加えてさらに 300 日保存して完成という手のかかる秘蔵の酒でした。

伊那の秘蔵酒は昭和 4 年（1930）にロンドンに伝わり、昭和 7 年には台湾、朝鮮、満洲へ

ヤツデ

Fatsia japonica

ヤツデ属には日本に1種と台湾に1種があります。

ヤツデは日本特産の植物で、江戸時代に長崎からヨーロッパへ紹介されて世界に広まりました。山形、福島以南の本州、四国、九州琉球諸島の海岸の林中に生え、高さ2〜3mになる常緑低木で、枝分かれの少ない幹を叢生しています。その先に大きな濃緑色で光沢のある革質の葉を互生させ、掌のように7〜9裂、広げている様子はご存知の通りです。

10〜12月に大きな円錐花序を枝先につけ、雌雄異花の乳白色の小さな5弁の花を沢山咲かせます。翌年の春に直径8mm位の黒い実をつけます。

邪悪の侵入を防ぐ呪力があるといわれ庭木に植えられました。伝染病が流行すると家の門口に縄を張りヤツデ、ナンテンの葉を吊るし「なんでん（難題）来たら八つ手で捕まえろ」と縁起をかつぎ、疱瘡が流行れば軒にヤツデの葉を吊るしました。また田の神様、水神様、氏神様のお祭りには、ヤツデの葉にお供え物をのせる風習があったといわれています。

薬用には葉を細かく刻み日干しにし、生薬名を「八角金盤（はっかくきんばん）」といいます。

葉、根皮、根にサポニンのα-、β-ファチンを含みます。葉から取れるエキスを去痰剤とします。民間では葉を浴湯に入れて入るとリウマチ、神経痛、できものに良いといわれ、煎液でうがいをすれば鎮咳、去痰に良く、気管支炎、喘息に効果があるといい、果実を煎じて服用すると高血圧、心臓病に良いともいいます。煎液に砂糖を加えて服用すると浮腫、腎炎に良いともいわれます。

ヤツデの葉のサポニンは魚毒作用があるので以前は葉をすりつぶして川に入れて魚の捕獲に利用したこともあるそうです。

と広がり、昭和25年（1950）頃から健康酒として日本全国へと広がっていきました。

現在の養命酒には桂皮、紅花、地黄、芍薬、丁字、朝鮮人参、防風、鬱金、八雲草、淫羊霍、烏樟、杜仲、肉従蓉、そしてマムシが入れられています。

ある日、玉野の薬草園で講演会を開いていたところ、マムシが藪から出てきたのを見つけた人が棒で頭を叩き、捕獲してビニール袋に入れて持って帰りました。どうするのか尋ねたところ「焼酎に漬けてマムシ酒にする」といいました。本来は健全なマムシを酒にそのまま漬けるらしいのですが、傷ついたマムシを漬けたのがどのようになったか私は知りません。

しかしその方の機敏な行動に驚きました。山の中の薬草園にはいろいろなものが出てきます。最近では薬草園にイノシシが出てキクイモなど栽培品を掘って食って行くということもあるそうです。

ヤナギ類

Salix spp

ヤナギ科はおおむね雌雄異株の木本で低木から高木まで多様です。

世界に4属400種あるといわれますが、種間雑種が多く分類が難しい群です。

葉はおおむね対生し、細長い葉のものにカワヤナギS. gilgiana、ネコヤナギS. gracilistyla、シダレヤナギS. babylonica、タチヤナギS. subfragilis、ウンリュウヤナギS. matsudana f. tortusaなどがあり、丸い葉のものにはヤマヤナギS. sieboldianaなどがあります。

早春に花をつけ、花穂は柔らかで雄花穂も雌花穂も多数の葉が集まって動物の尾のような形をしています。種子は小さく軽く、細長い毛をつけています。

ヤナギ科の植物は、サリシンを含有するのが特色であり、またサリシンはイイギリ科からも発見されていますが、このことはこの2科が近い関係にあることを示しています。

サリシンは19世紀の中頃にアセチルサリチル酸の発見につながり、消炎鎮痛、解熱剤の初めとなりました。昔から中国ではヤナギ類の樹皮、葉、根を収斂、解熱に煎用し、ヨーロッパ各地でも古代ギリシャのジオスコリデス時代に葉を鎮痛、解熱薬にしていて、アメリカ、カナダではハコヤナギ属のドロヤナギPopulus maximowicziiの芽を痰切りなどに利用してきました。昔の人の慧眼に敬意を表します。

民間的には樹皮、根、葉を薬用にします。

成分にはサリシンのほかサリチル酸、タンニンなどを含有します。

肝炎、黄疸、清熱、利尿、解毒、乳腺炎、高血圧、吐血、リウマチなどに用いられてきました。川辺や街路樹にされ、風情を見せるシダレヤナギは、中国原産で揚子江付近に多く、日本に導入された年代は不明とのことです。

ヤマモモ

Myrica rubra

ヤマモモ科には南北アメリカ、アジア、アフリカ、ヨーロッパに3属、50種ほどがあり、食用、香料、防虫、薬用、染料などに利用される種があります。

ヤマモモは本州の房総半島以西、伊豆諸島、四国、九州、南西諸島、韓国の済州島、台湾、中国南部、フィリピンに分布します。

20mにもなる常緑高木で、雌雄異株で尾状花序、核果は直径1～2cm、6月下旬に暗紅紫色に熟します。

表面に無数の細かい突起のある直径1cm強の暗紅色の核果をつけ、甘味と酸味があり生で食用にされ、果樹としても栽培されますが、あまり保存が効かないので流通量は少ないようです。高知などで実の大きい品種が作られています。

薬用には樹皮を6～8月に採取し、乾燥して使い、「楊梅皮(ようばいひ)」といわれます。

フラボノイドのミリシトリン、ミリセチンのほかタンニンを含有します。

心臓機能の亢進、血圧の上昇に有効。タンニンに収斂作用があり、下痢、酒毒、止血、火傷、腫れもの、頭痛、胸痛、腹痛、解毒、打撲、駆虫などに使われます。

煎液で湿布をすると腫れもの、火傷、打撲、捻挫に良く、浴湯料にするとアセモに良いといわれ、前汁を口に含むと虫歯の痛みに効くといわれています。

果実を生、または塩漬けにしたものは酒毒を去り、しゃっくり、痰、脚気に良いといわれています。

果実を酒に漬けてヤマモモ酒にしたり、衣類、魚網の染料にしたりと生活にも溶け込んでいます。魚網の染色に使われますが、塩水に漬けても退色し難いからだといいます。

ヤマモモとタブノキの樹皮の煎汁で染めた鳶色の織物を「鳶八丈」「三宅丹後」とよび、珍重されています。媒染剤にミョウバンで黄色に、鉄で焦げ茶色に染まります。

ヤマモモの核果

ユキノシタ

Saxifraga stolonifera

本州、四国、九州、および中国に分布し、湿った地上や岩の上に植生する半常緑多年草です。全体が毛におおわれ、糸状の葡匐枝で地上を這い、新株を作り、葉は腎臓型で、5～7月に高さ20～40cmの花柄を伸ばし白色の5弁花を円錐状につけます。

薬用部分は葉で漢名を「虎耳草(こじそう)」といいます。

フェブリフギン、ヒドランゲノール、塩化カリウム、アルブチン、サキシフラギン、クエルシトリン、ベルゲニンなどを含有します。

緑膿菌、コレラ菌、チフス菌、黄色ブドウ球菌などへの抑制効果があり、幼児のひきつけ、中耳炎、湿疹、かぶれ、腫れもの、むくみ、痔の痛みなどに使われます。

幼児のひきつけには、新鮮な葉を水洗いして食塩を少し振りかけ、揉み出した汁を口に含ませると良いといい、中耳炎、耳だれには生葉の絞り汁を脱脂綿に付けて耳につめ、1日3～4回取り換える。湿疹、かぶれ、腫れもの、火傷、しもやけには生葉を水洗し火であぶり柔らかくして患部に貼っておくと良いといいます。

乾燥した葉を煎じて服用すると健胃、解毒、解熱、鎮咳の効果があるといい、葉の黒焼きを服用すれば咳止めになり、ゴマ油で練って貼るとしもやけ、痔に良いといいます。

属名のSaxifragaはラテン語のsaxum（岩）とfrango（割る）の合成語で岩の割れ目に生えることを表しています。ユキノシタ属には300種あまりがあり、日本には16種があるといいます。ジンジソウS. cortusifolia、ダイモンジソウS. fortunei var. incisolobataなどがあり、山草愛好家によって庭の岩つけ、盆栽仕立てなどにして観賞されています。

生葉は天婦羅にして食膳に登場もします。葉の裏面のみに衣をつけて揚げると葉の模様が美しく、また葉に厚みがあるので食感もなかなかのものです。たっぷり塩を入れた熱湯で茹でて水に晒して和えものにしても美味しいそうです。

ア
カ
サ
タ
ナ
ハ
マ
ヤ
ラ
ワ

リンドウ

Gentiana scabra var buergeri

リンドウ科は全世界の草原、山地、高山に植生し、1，2年草または多年草で、世界に70属、1100種以上あるといいます。リンドウ属、センブリ属には苦味があるものが多く、東洋でも、西洋でも苦味健胃薬として利用してきた歴史があります。

1世紀にネロ皇帝の軍医デオスコリデスは薬用植物の研究をし「デ・マテリア・メディカ」を著し、リンドウ属について記しています。紀元前167年のイリリア王ゲンチウスにより薬効が発見され、後にフランスの植物学者がリンドウ属の学名をGentianaと名付け、リンネがそれを踏襲したと記されています。

山野に自生する多年草で根が太く、やや木質で長く、草丈15～60cm、9～11月に茎の先端に4～6cmの青紫、紫赤、ときに白の円筒状で先が5裂する花をつけます。

シベリア、朝鮮半島、中国にはチョウセンリンドウ「竜胆」が分布し、漢方で「竜胆（りゅうたん）」といって「ゲンチアナ根」の代わりに苦味健胃薬として利用してきました。

日本にはアサマリンドウ G. sikokiana、オヤマリンドウ G. makinoi、エゾリンドウ G. triflora var. japonica、ヤクシマリンドウ G. yakushimaensis、トウヤクリンドウ G. algida、ヨコヤマリンドウ G. glauca、ミヤマリンドウ G. nipponica、リシリリンドウ G. jamesii などがあり、また1，2年草の野生品にヒナリンドウ G. aquatica、コヒナリンドウ G. laeviuscula、ヤクシマコケリンドウ G. yakumontana、フデリンドウ G. zollingeri、コケリンドウ G. squarrosa、ハルリンドウ G. thunbergii などが春咲きとして3～5月に開花します。

外国種としては G. lutea が薬用にされ、G. acaulis、G. verna、G. sino-ornata などが観賞用に栽培されています。なおツルリンドウ Tripterospermus japonicum は近縁の別属です。

薬用部分は根と根茎で10月に掘り上げ、水洗し日干しにして利用します。苦味配糖体のゲンチオピクロサイド、ゲンチアノース、ゲンチシン、ゲンチアニンなどを含有し、唾液、胃液の分泌を昂進し、胃腸の運動昂進、消化吸収の促進、膵液、胆汁の分泌を増進します。健胃のほか尿道炎、リウマチなどに利用、毛生え薬にも使われたりします。

市販の竜胆は中国、朝鮮半島のトウリンドウ G. scabra を使っているといわれています。

竜胆とは熊胆（くまのい）より苦く、熊よりさらに高級な竜の胆という意味だといいます。

漢方では竜胆瀉肝湯、疎経活血湯などに配されています。

レンゲツツジ

Rhododendron japonicum

レンゲツツジは日本特産のツツジで、北海道南部、本州、四国、九州の低山から亜高山の日当たりの良い、やや湿り気のある所に生える落葉低木です。樹高1～2mになり、枝が多くこんもりして、葉は倒皮針形で5～10cmになります。毛が多く、花は5～6月に橙黄、黄、紅等の色で新葉と共に出て美しく咲きます。

葉と花と根に有毒成分のグラヤノトキシン-I、ロドヤポニン-Ⅰ、Ⅱ、Ⅲ、スパラッソルなどを含有します。

花、葉、根を酒に浸して飲むと消炎、鎮痛に効き、痛風、神経痛、リウマチに効くといわれますが、アルコールと併用すると有毒成分の吸収が良くなり、呼吸中枢麻痺の危険性が大きくなるので危険です。

レンゲツツジ

ホツツジ

動物も有毒であることを良く知っていて、食べないので放牧地、草原などに大群落となって残っています。

中国産にトウレンゲツツジ R.molle というのがあり「羊躑躅(ようてきちょく)」といわれ、羊がこれを食べると酒に酔ったようによろめくという意味で毒性を表している名前です。中国ではこれの花や根を酒に浸して、痛風やリウマチの薬にしていますが危険な使い方です。

日本のレンゲツツジも同様に危険であり、この花にたかったミツバチの蜂蜜には毒性があるといわれています。

子供がツツジの仲間の花を取って蜜を吸ったり、食べたりすることがありますが、要注意です。

有毒のためか別名にもドクツツジ、オニツツジ、ジゴクツツジ、ウマツツジ、ウシツツジなどがあります。ツツジの仲間にはほかにホツツジ Tripetaleia paniculata、ハナヒリノキ Leucothoe grayana、アセビ Pieris japonica などアセボトキシンやグラヤノトキシンなどの神経麻痺作用をもつものがあるので注意が必要です。

ワラビ

Pteridium aquilinum var.latiusculum

日本各地、東アジア、ヨーロッパ、北米の山野の陽地に普通に見られる多年草です。

太く、直径1cmにもなる根茎を地中に横に走らせ、まばらに葉を出し、2～3回羽状に分裂し、草丈1～1.5mにもなります。胞子嚢群は葉縁に連続的についています。

日本では古くから新芽を山菜として利用し、食卓に上がっています。

薬用部分は地上部と根茎。地上部は、春から夏に刈り取り日干しにし、根茎は秋に掘り上げ水洗いして日干しにします。

アデニン、コリン、ベタイン、ペントサン、アミノ酸のロイシン、アスパラギン、アスパラギン酸、グルタミン酸、ヒスチジン、アラニンなどを含有し、発がん物質のタキロシドも含まれています。

葉を煎じたものには、利尿、消炎、解熱などの作用があり、腫れもの、創傷、利尿などに用いられます。西洋でも民間療法として根を条虫や回虫の駆除、避妊などに使われました。

根から澱粉を取ることができ、解熱、下痢止め、滋養、強壮に用いられました。

葉、根の煎液を外用するとハチ刺され、虫刺され、リウマチ、痛風に有効といいます。

若芽にも発がん物質を含有しますが、湯がくことによって消えます。

またビタミンB_1を壊す酵素も含んでいますが、これもアク抜きで除けるので食べることができます。ワラビを食用にしているのは日本人だけと聞きますが、毒抜きの知恵の効用は大きく、お陰でワラビの山菜料理も食べられるし、ワラビ餅も食べることができるということです。

『薬草つれづれ草』『続・薬草つれづれ草』掲載薬草／科別リスト

科	薬草	頁
アオイ科	ムクゲ	＊130
アオギリ科	カカオノキ	＊ 41
アカテツ科	ミラクルフルーツ	＊129
アカネ科	アカネ	13
アカネ科	クチナシ	＊ 56
アカネ科	コーヒーノキ	＊ 62
アカネ科	ヘクソカズラ	＊118
アケビ科	アケビ	＊131
アケビ科	ムベ	＊ 13
アサ科	ホップ	114
アジサイ科	アマチャ	＊ 17
アブラナ科	ダイコン	＊ 86
アブラナ科	ナズナ	＊ 99
アブラナ科	ワサビ	＊139
アマ科	アマ	17
アヤメ科	サフラン	＊ 67
イチイ科	イチイ	＊ 23
イチヤクソウ科	イチヤクソウ	21
イチヤクソウ科	ギンリョウソウ	21
イチョウ科	イチョウ	＊ 24
イネ科	ススキ	71
イネ科	タケ類	＊ 88
イネ科	チガヤ	78
イネ科	ハトムギ	100
ウコギ科	タラノキ	＊ 89
ウコギ科	チョウセンニンジン	80
ウコギ科	ヤツデ	123
ウマノスズクサ科	ウマノスズクサ	24
ウマノスズクサ科	フタバアオイ	111
ウラジロ科	ウラジロ	＊ 32
ウラボシ科	ヒトツバ	105
ウリ科	アマチャズル	18
ウリ科	カラスウリ	＊ 44
ウリ科	キカラスウリ	＊ 49
ウルシ科	ウルシ	26
ウルシ科	ヌルデ	92
ウルシ科	ハゼノキ	99
エゴノキ科	エゴノキ	27
オオバコ科	オオバコ	29
オトギリソウ科	セイヨウオトギリソウ	＊ 82
オミナエシ科	オミナエシ	＊ 38
オモダカ科	サジオモダカ	57
ガガイモ科	ガガイモ	＊ 40
キキョウ科	キキョウ	＊ 50
キキョウ科	サワギキョウ	60
キク科	アーティーチョーク	10
キク科	オケラ	＊ 37
キク科	カミツレ	12
キク科	キク	＊ 51
キク科	キクイモ	14
キク科	キバナバラモンジン	16
キク科	シオン	61
キク科	シロバナムシヨケギク	68
キク科	ステビア	＊ 80
キク科	ヒマワリ	107
キク科	フキ	＊115
キク科	フジバカマ	＊117
キク科	ベニバナ	＊119
キク科	ミブヨモギ	119
キク科	ヨモギ	＊135
キョウチクトウ科	インドジャボク	＊ 28
キョウチクトウ科	キョウチクトウ	17
キョウチクトウ科	チョウジソウ	79
キョウチクトウ科	テイカカズラ	82
キョウチクトウ科	ニチニチソウ	90
キョウチクトウ科	バシクルモン	98
キンポウゲ科	アキカラマツ	15
キンポウゲ科	オウレン	＊ 35
キンポウゲ科	オキナグサ	＊ 36
キンポウゲ科	カザグルマ	10
キンポウゲ科	クリスマスローズ	＊ 57
キンポウゲ科	クロタネソウ	28
キンポウゲ科	サラシナショウマ	＊ 68
キンポウゲ科	センニンソウ	74
キンポウゲ科	トリカブト	＊ 98
キンポウゲ科	フクジュソウ	＊116
クスノキ科	クスノキ	25
クスノキ科	クロモジ	29
クスノキ科	ゲッケイジュ	30
クスノキ科	テンダイウヤク	＊ 93
クマツヅラ科	クサギ	22
クマツヅラ科	クマツヅラ	26
クマツヅラ科	ニンジンボク	91
クマツヅラ科	ハマゴウ	103
クロウメモドキ科	ケンポナシ	＊ 60
クロウメモドキ科	ナツメ	＊100
クワ科	アサ	＊ 14
ケシ科	クサノオウ	24
ケシ科	ケシ	＊ 58
ケシ科	ジロボウエンゴサク	69
ケシ科	タケニグサ	76
コショウ科	コショウ	32
コバノイシカグマ科	ワラビ	129
ゴマノハグサ科	クガイソウ	＊ 53
ゴマノハグサ科	ジオウ	＊ 71
ゴマノハグサ科	ジギタリス	＊ 72
ゴマ科	ゴマ	＊ 63
ザクロ科	ザクロ	＊ 66
サトイモ科	ウラシマソウ	25
サトイモ科	カラスビシャク	13
サトイモ科	コンニャク	＊ 64
サトイモ科	ザゼンソウ	58
サトイモ科	マムシグサ	116
サルトリイバラ科	サルトリイバラ	59
シキミ科	シキミ	62
シソ科	イブキジャコウソウ	＊ 30
シソ科	ウツボグサ	＊ 34
シソ科	オウゴン	＊ 42
シソ科	カキドオシ	＊ 76
シソ科	キランソウ	18
シソ科	シソ	63
シソ科	シロネ	＊112
シソ科	ネコノヒゲ	93
シソ科	ハッカ	＊138
シソ科	ヒキオコシ	＊ 26
シソ科	ローズマリー	＊109
シュウカイドウ科	シュウカイドウ	67
ショウガ科	ウコン	＊ 29
ショウガ科	ガジュツ	11
ショウガ科	ショウガ	＊ 74
ショウガ科	ミョウガ	120
スイカズラ科	スイカズラ	＊ 77
スイレン科	コウホネ	＊ 61
スイレン科	ハス	＊108
スミレ科	スミレ	＊ 81
セリ科	アシタバ	16
セリ科	アンミビスナガ	20
セリ科	セリ	＊ 83
セリ科	トウキ	＊ 94
セリ科	ドクゼリ	＊ 96
セリ科	ボウフウ	＊120
セリ科	ミシマサイコ	＊127
ソテツ科	ソテツ	75
タデ科	アイ	＊ 12
タデ科	イブキトラノオ	＊ 27

＊印は、前著『薬草つれづれ草』掲載の頁です。

タデ科	ダイオウ	＊ 85
タデ科	ツルドクダミ	＊ 92
ツツジ科	アセビ	＊ 16
ツツジ科	シャクナゲ	65
ツツジ科	レンゲツツジ	128
ツヅラフジ科	アオツヅラフジ	12
ツバキ科	チャノキ	＊ 90
トウダイグサ科	アカメガシワ	14
トウダイグサ科	シナアブラギリ	64
トウダイグサ科	ヒマ	＊113
ドクウツギ科	ドクウツギ	＊ 95
トクサ科	スギナ	＊ 78
トクサ科	トクサ	84
ドクダミ科	ドクダミ	＊ 97
ドクダミ科	ハンゲショウ	＊110
トチノキ科	トチノキ	85
トチュウ科	トチュウ	86
ナス科	クコ	＊ 54
ナス科	タバコ	77
ナス科	ハシリドコロ	＊107
ナス科	ヒヨドリジョウゴ	109
ナス科	ホオズキ	112
ナス科	マンダラゲ	＊126
ナデシコ科	ナデシコ	＊101
ナデシコ科	ハコベ	＊106
ニガキ科	ニガキ	88
ニシキギ科	ニシキギ	89
ノウゼンカズラ科	キササゲ	＊ 52
バラ科	アンズ	19
バラ科	ウメ	＊ 31
バラ科	カリン	＊ 45
バラ科	キンミズヒキ	20
バラ科	サクラ	＊ 65
バラ科	テンチャ	83
バラ科	ノイバラ	＊104
バラ科	バクチノキ	97
バラ科	ビワ	＊114
バラ科	ワレモコウ	＊140

バンレイシ科	イランイラン	22
ヒガンバナ科	スイセン	70
ヒガンバナ科	スノードロップ	72
ヒガンバナ科	ヒガンバナ	＊111
ヒノキ科	ネズ	＊103
ヒメハギ科	ヒメハギ	108
ヒルガオ科	アサガオ	＊ 15
ヒルガオ科	ネナシカズラ	95
フウロソウ科	ゲンノショウコ	＊ 59
フジウツギ科	フジウツギ	110
フトモモ科	ギンバイカ	19
ボタン科	ボタン	＊121
マオウ科	マオウ	＊123
マタタビ科	マタタビ	＊124
マツブサ科	チョウセンゴミシ	＊ 91
マツブサ科	ビナンカズラ	106
マメ科	エニシダ	28
マメ科	エビスグサ	＊ 33
マメ科	カンゾウ	＊ 46
マメ科	クズ	＊ 55
マメ科	クララ	27
マメ科	ジャケツイバラ	＊ 73
マメ科	センダイハギ	73
マメ科	ナンキンマメ	87
マメ科	ハギ	＊105
マツ科	マツ	＊125
マンネンタケ科	マンネンタケ	117
ミカン科	キハダ	15
ミカン科	ゴシュユ	31
ミカン科	サンショウ	＊ 70
ミカン科	ダイダイ	＊ 87
ミズキ科	アオキ	11
ミズキ科	カンレンボク	＊ 48
ミズキ科	サンシュユ	＊ 69
ミズキ科	ハナイカダ	101
ミソハギ科	ミソハギ	118
ミツガシワ科	ミツガシワ	＊128
ムクロジ科	ムクロジ	121

ムラサキ科	ボリジ(ルリジシャ)	＊122
ムラサキ科	ムラサキ	＊132
メギ科	イカリソウ	＊102
メギ科	ナンテン	＊ 22
メギ科	メギ	122
モクセイ科	オリーブ	33
モクセイ科	ネズミモチ	94
モクセイ科	レンギョウ	＊136
モクレン科	コブシ	33
モクレン科	ホオノキ	113
ヤナギ科	ヤナギ類	124
ヤマゴボウ科	ヤマゴボウ	＊133
ヤマノイモ科	ヤマノイモ	＊134
ヤマモモ科	ヤマモモ	125
ユキノシタ科	ユキノシタ	126
ユリ科	アマドコロ	＊ 18
ユリ科	アマナ	＊ 19
ユリ科	アミガサユリ(バイモ)	＊ 20
ユリ科	アロエ	＊ 21
ユリ科	イヌサフラン	＊ 25
ユリ科	オニユリ	31
ユリ科	オモト	32
ユリ科	カイソウ	＊ 39
ユリ科	カタクリ	＊ 43
ユリ科	カンゾウ	＊ 47
ユリ科	ジャノヒゲ	66
ユリ科	スズラン	＊ 79
ユリ科	バイケイソウ	96
ユリ科	ハラン	104
ラン科	オニノヤガラ	30
ラン科	シラン	＊ 75
ラン科	ツチアケビ	81
ラン科	バニラ	102
リンドウ科	センブリ	＊ 84
リンドウ科	リンドウ	127
ロウバイ科	ロウバイ	＊137

あとがき

前著『薬草つれづれ草』を平成27年に出版し、一息ついていましたが、129種しか記述できなかったのが気にかかっていたところへ、植物起源の新薬の登場があったり、友人から記載がない種などの指摘が刺激になり、無謀にも続編を書きはじめました。

しかし残念なことに、前著を監修してくださった、恩師・斉木保久教授が逝去されてしまうという大変なことが起こり、刊行の実現が難しくなりました。

斉木先生に代わって、関東地区在住の静岡県立大学の同窓生で、今でも植物を縁に年２～３回会っている友人、高木操女史、中村孝二氏、中村阿丈女史、山下敏夫氏に拙文の校閲を強要し、共同監修を受諾していただけたので刊行にこぎつけることができました。

本書を続編として、117種を掲載いたしました。高木女史には不足していた写真の補充、中村夫妻には懇切丁寧な用語の校正、学名の検討、山下氏には植物学的、また薬学的考察、写真の補充と各位に大変お世話になりました。この場をお借りして御礼申し上げます。

しかし「今はどの学名を使うのが適切か、今はどの科に入れるのが適切か」などの学術的判断は斉木教授ならではの大変難しい所があります。今回は、そのご指導を仰ぐことが叶いませんでした。従って過ちも多々あるかと思いますが、お気付きの点がありましたら是非ご教示下さい。

ご縁があった岡山県玉野市の薬草園は現在も続いており、年２回の公開講演会も続いています。施設は計画し、造成するのは大変です。しかしそれを維持管理していくのも大変なことです。今なお続けて維持管理しておられる地元の薬剤師会の方々、ボランティアの方々に敬意を表します。

ささやかな本ですが前著同様、薬草園を訪ねてくださる方に拙い説明、お話しをさせていただくという形で執筆いたしました。

またこの度も、出版にあたり懇切丁寧な企画、編集、校正に努めていただいた「さきたま出版会」の岩渕均社長、春田高志氏、菅原昌子氏に深甚の感謝を申し上げます。

この本に拘わった５名で故　斉木保久教授のご霊前に捧げさせていただきます。

平成30年４月

岡　鐵雄

〔参考図書〕

週刊「世界の植物」	北村　四郎ほか	監修	朝日新聞社
週刊「植物の世界」	岩槻　邦男ほか	監修	朝日新聞社
『原色牧野和漢薬草大図鑑』	三橋　博	監修	北隆館
『薬用植物学』	斉木　保久	著	広川書店
『静岡県身近な薬草』	上野　明	著	静岡新聞社
『岡山の薬草』（上・下）	奥田　拓男	監修	山陽新聞社
『徳島県薬草図鑑』	村上　光太郎	著	徳島新聞社
『世界を変えた薬用植物』	ノーマン・テイラー	著	創元社
『毒草の雑学』	一戸　良行	著	研成社
『伝承薬の事典』	鈴木　昶	著	東京堂出版
「Milsil ミルシル No.4 p22」（2015）	金沢　至	執筆	国立科学博物館
『森を食べる植物』	塚谷　裕一	著	岩波書店
『草木染野帖』	大場　キミ	著	求龍堂
『植物目録』（1987）	環境庁自然保護局自然環境調査室	編	大蔵省印刷局
『終わりなき侵略者との闘い』	五箇　公一	著	小学館

〔著者略歴〕

岡　鐵雄（おか　てつお）

現住所　さいたま市見沼区風渡野

昭和12年5月	埼玉県浦和市（現さいたま市）にて出生
昭和31年3月	岐阜県立多治見高校卒業
昭和36年3月	静岡県立静岡薬科大学卒業
昭和36年4月	興和新薬（株）入社。53年7月退社
昭和53年8月	岡山県玉野市民病院薬局長就任
昭和54年～平成2年	岡山県病院薬剤師会理事
昭和61年～	玉野市深山公園薬草園の設計開設、運営に携わる
昭和63年～	備讃空中花粉研究会設立
平成 6年4月～16年3月	岡山県自然保護センターボランティア、幹事
平成 7年4月～ 9年3月	岡山大学薬学部非常勤講師
平成 8年4月～10年3月	岡山県自然保護推進委員
平成 9年3月	玉野市民病院退職
平成 6年6月	日本病院薬剤師会有功会員
平成 9年4月	岡薬局開業
平成10年～14年	備讃空中花粉研究会代表
平成10年10月～14年	日本花粉学会会計幹事
平成21年2月	岡薬局退職
平成21年11月	さいたま市フラワー薬局入局

〔著　書〕

『岡山の花粉症』　三好教夫他共著　日本文教出版社　平成15年（2003）

『薬草つれづれ草』　さきたま出版会　平成27年（2015）

続・薬草つれづれ草

平成30年（2018）4月10日　初版　第1刷発行

著　者　岡　鐵雄

発行者　株式会社　さきたま出版会
〒336-0022
さいたま市南区白幡3-6-10
電話 048-711-8041
振替 00150-9-40787

印刷・製本　　関東図書株式会社

ISBN978-4-87891-448-5　C0040